清水美紀（ヤミー）

捲捲揉快製麵包

Quick Bread

Egg Bread

Focaccia

三悅文化

contents

只要捲一捲揉一下，轟隆隆地烤一烤！捲捲揉麵包

捲捲揉麵包 1 Quick Bread 快製麵包

完成時間 20～30分

捲捲揉麵包 2 Egg Bread 金黃色雞蛋麵包

完成時間 35分

捲捲揉麵包 3 Focaccia 佛卡夏麵包

完成時間 55分

典藏版 Yummy老師傳說中的人氣麵包

本書的使用方法

【關於測量】1 杯為 200ml，1 大匙為 15ml，1 小匙為 5ml，低筋麵粉 1 杯大約是 120g，高筋麵粉 1 杯大約是 130g。

【關於材料】沙拉油使用的是葡萄籽油等植物性油，奶油使用的是含鹽奶油。砂糖若沒有特別註明，都是使用上白糖。若有註明細砂糖，使用上白糖其實也沒關係，但甜味可能會稍微重一點。請依照實際情形調整份量。雞蛋都是使用中等尺寸。

【關於器材】烤麵包機用的是 1000W 的烤麵包機。如果是用大型烤箱，請以 170~200 度為準，視情況調整火候。平底鍋用的是鐵氟龍加工的厚不沾鍋。微波爐的加熱時間是以 600W 功率加以估算。

所有加熱時間都是預估值。根據機種不同可能會出現差異，請務必依照實際情形進行調整。

前言

「想要馬上吃掉剛出爐的麵包！可是發酵好像很困難。而且揉製又有那麼一點麻煩。太花時間也有點那個……」

為了回應這些任性的發言，誕生的就是這本《捲捲揉快製麵包》。

其實原本我也是做發酵麵包的。還在念小學的時候，我在鄰居朋友的家裡，把他媽媽做的麵包麵團揉成了動物形狀還有心型放進烤箱，烤出我人生第一個麵包。

現在回想起來，那些麵包實在是揉得亂七八糟，不過「靠自己做出麵包」的感動，以及吃到剛出爐的熱騰騰麵包的味道，真的完全不一樣。

可是話又說回來，心裡確實覺得「花費時間和心力製作麵包，雖然想做也想吃，但是好麻煩……」。在食品進口商店工作，學習到眾多國家的飲食文化，當我知道世界上有使用小蘇打粉膨脹的「蘇打麵包」以及無發酵的「薄餅」時，頓時恍然大悟。發酵和揉捏其實並不是麵包製作的必要條件。

持續調查之後發現，很多國家都有能夠輕鬆製作的麵包。我在可知範圍當中盡可能地製作那些麵包，再以那些知識為基礎，完成了這本自創的《捲捲揉快製麵包》食譜。

起初只有快製麵包，不過現在又增加了布里歐風格高糖高油 RICH 型的麵包和佛卡夏麵包，變成了 3 種。每一種味道都不一樣，所以今天想吃什麼就能做什麼，令人開心。

除了捲捲揉麵包外，我也在部落格介紹了很多時間短又簡單的麵包食譜，有許多至今不曾做過麵包的部落格訪客就這樣接二連三地一直跟著挑戰下去。

特別是 2006 年推出的「貝果」（p.50）食譜，至今仍然不時能聽到有人說他是那道食譜的粉絲。其中甚至還有人因為那道貝果而正式開始學習製作麵包，如今已經是一位麵包師傅。在料理教室裡，也聽說很多人因為喜歡上了課程裡剛出爐的麵包味道，開始製作原本完全不感興趣的麵包，真的讓人打從心底感到欣慰。

剛出爐的麵包就是可以這樣擄獲人心。

只要捲一捲揉一下，轟隆隆地烤一烤的捲捲揉麵包，想不想先來嚐嚐看它的味道呢？

Yummy

/ Yummy!! \

就算是第一次，也能做出好吃的剛出爐麵包！

本書中的麵包，完全不需使用特殊材料或器材。
而且全部都只要3個步驟就能完成。
是一本把「麻煩的事情」通通跳過也能做出麵包的麵包食譜。

所有品項都 只要3步驟

STEP 1 STEP 2 STEP 3

本書中的麵包，全部都是只要 3 步驟就能完成的極簡食譜。雖然簡單，但每一種麵包都非常好吃，讓人忍不住想一做再做！

材料超市買得到&器材家裡通通有

製作麵包不可或缺的麵粉和酵母等材料，全都是附近超市就能輕鬆買到的東西。只要在食譜裡下足工夫，這樣就足以做出好吃的麵包。

不論是用烤箱或烤麵包機，用自己方便的方式烤麵包就OK

麵團的烘烤方式，即使是用不同器材烘烤，也有詳細註明個別烘烤時間（詳情請見 p.8）。舉凡「我家沒有小型烤箱」「可以用微波爐的烤箱功能烤嗎？」等，可依照個人需求加以選擇。

依器材分類
烤出好吃麵包的重點

稍微遵守一點點規定，就能保證成功！
雖然本書介紹的是運用隨手可得的烤麵包機或平底鍋
來烤麵包的食譜，不過用烤箱當然也是 OK 的！

烤麵包機

短時間內就烤得酥脆蓬鬆！

◆本書使用的是 1000W 的烤麵包機。如果是 750W，請將烘烤時間設定得稍微久一點。
◆事前請先預熱 3 分鐘左右，然後再開始烘烤。
◆根據機種不同，加熱效果也會有所不同，請參考食譜的烘烤時間，一邊檢查麵包的顏色，一邊蓋上或取下錫箔紙，進行調整。

平底鍋

因為是用習慣的工具，所以可以輕易嘗試！

◆本書使用的是直徑 24~26cm 鐵氟龍加工的深底厚不沾鍋。
◆因為想要確實封鎖所有溫度，所以鍋蓋尺寸必須完全吻合。
◆爐火調整以小火～稍弱的中火為原則。

烤箱

雖然多花一點時間，不過烘烤品質絕對穩定！

◆關於溫度 & 烘烤時間，請參考每份食譜的步驟 3，使用烤箱時的溫度 & 烘烤時間。預熱至 170~200 度之後，大約比烤麵包機的烘烤時間多加 5 分鐘即可。※ 金黃色雞蛋麵包（p.32~39）的預熱溫度為 150 度，請注意。
◆先用烤箱的上層開始烤，看起來快要烤焦的時候移動到下層，或是蓋上錫箔紙進行調整。
◆根據機種不同火候也有所不同，請密集觀察！

將麵團直接放在內附的烤盤上時，若是連同邊緣立起來的部分都確實包上一層錫箔紙，麵團就不容易沾黏，比較容易拿出來。

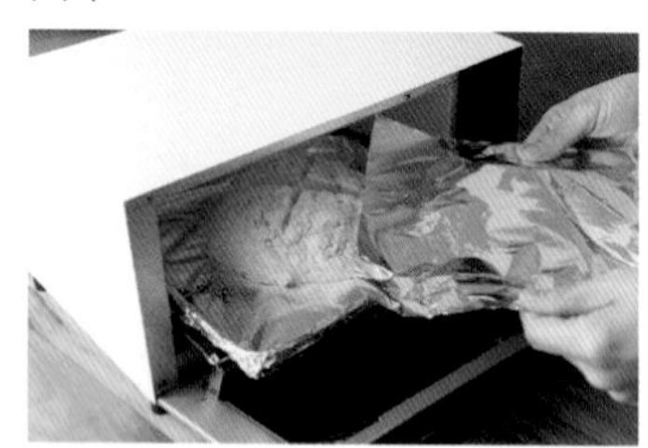

烘烤途中若是發現快要烤焦，就蓋上一層錫箔紙。

用「烘烤微波爐」烘烤的時候

如果是使用具有烤箱或烤吐司・烤魚功能的微波爐（= 烘烤微波爐）烤麵包，建議使用烤箱功能比較合適。雖然烤吐司・烤魚功能也能烤，但微波爐的爐內空間比普通烤麵包機大，所以花費時間會比較長。用烤箱功能烤出來的麵包更蓬鬆，顏色也比較漂亮。

只要捲一捲揉一下，
轟隆隆地烤一烤！

捲捲揉麵包

只要把調理盆中的材料「捲一捲」然後「揉一下」，再放上烤盤烤一烤！
「捲捲揉麵包」是用究極簡約的食譜製作而成的美味麵包。
不論哪一種麵包，都不需要製作麵包經常遇到的麻煩手續。
任何人做都不會失敗，而且超好吃！
非常希望至今曾因為做麵包飽受挫折的人
能夠試試這本麵包食譜！

捲捲揉麵包
1
只要想到
就能馬上做出來

Quick Bread

快製麵包

基本的快製麵包
p.12～15

快製麵包變化款
p.16～29

捲捲揉麵包
2
帶點甜味的
奶油風味

Egg Bread

金黃色雞蛋麵包

基本的金黃色雞蛋麵包
p.32～35

金黃色雞蛋麵包變化款
p.36～39

捲捲揉麵包
3
飄著橄欖油芬芳
來自義大利的樸實麵包

Focaccia

佛卡夏麵包

基本的佛卡夏麵包
p.42～45

佛卡夏麵包變化款
p.46～47

究極簡約！絕不失敗！

捲捲揉麵包是什麼!?

捲捲揉麵包的 味道與形狀 變化款也很有趣！

在基本食譜加入一些小東西，就能將變化放大至無限大。不論是甜點或鹹味都能自由變身。本書介紹的都是我個人喜歡的東西，但也務必請大家挑戰自己喜歡的味道和形狀！

＼ 麵團的變化 ／

只要把
加入麵團裡的水，
換成果汁或
咖啡就好

番茄麵包（p.16）

＼ 味道的變化 ／

例如樹果或水果乾等，
只要不會影響
麵團水分的食材，
什麼都OK

豆子麵包（p.20）

＼ 形狀的變化 ／

只是做成
小尺寸烘烤，
就能
形象大改變！

餐包形式小雞蛋麵包（p.36）

總而言之就是簡單！
將材料捲一捲揉一下，之後只要烘烤即可。
所以才叫做「捲捲揉」麵包。
外表看起來不起眼，但是剛出爐的滋味絕對讓人感動！
即使是第一次製作麵包的初學者，
也一定能做得美味無比。

Quick Bread

Egg Bread

Focaccia

已經做好啦！

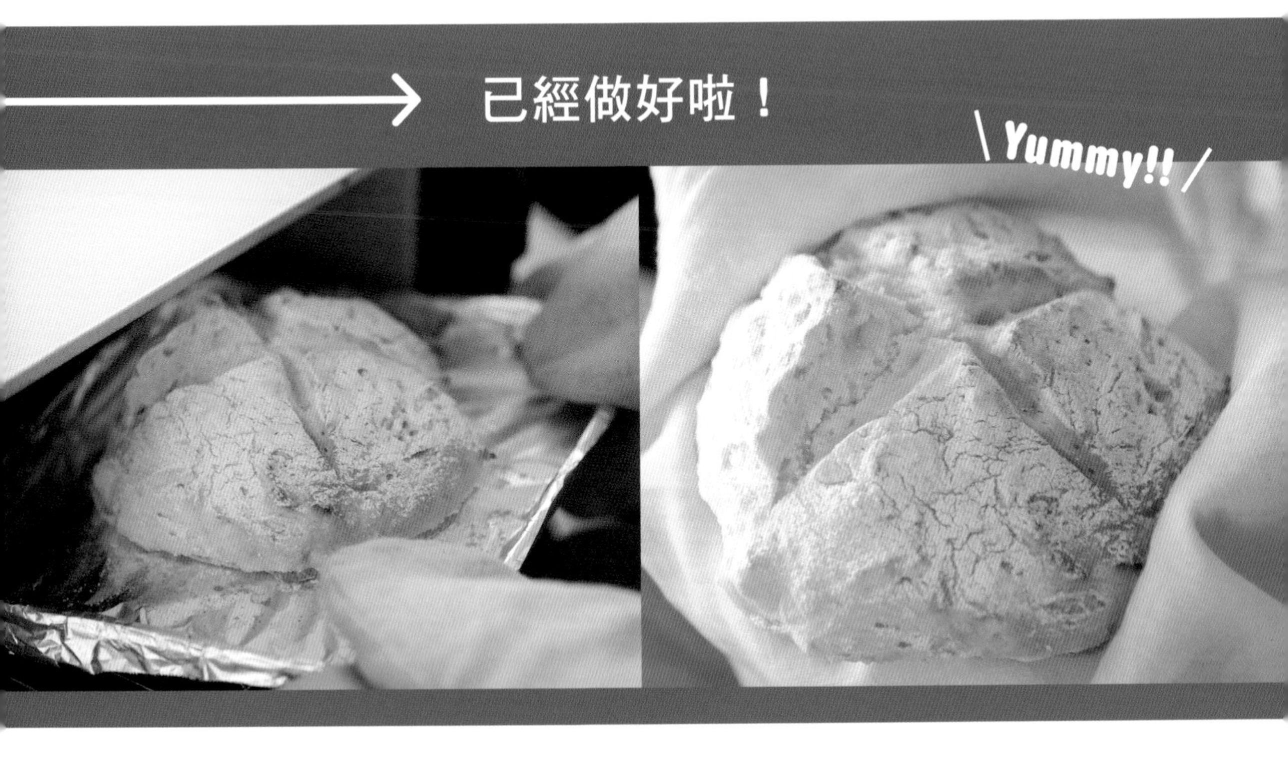

捲捲揉麵包的
食用方法變化款也很有趣！

可以做成三明治享受軟呼呼的口感，也能稍微花點時間做成吐司，自己搭配上面的配料……找出最適合自己的烤麵包的玩耍方式吧！

\ 甜點 /

蜂蜜法式吐司
（p.31）

\ 三明治 /

雞蛋沙拉三明治（p.30 ）

\ 西班牙前菜 /

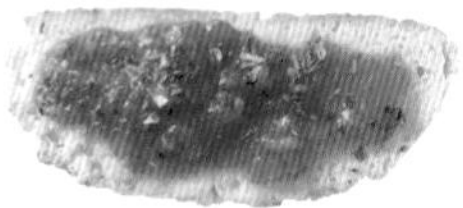

大蒜番茄麵包
（p.31）

Quick Bread

快製麵包

所謂快製麵包，是指不透過酵母發酵，
只利用泡打粉使之膨脹的麵包。
做法超級簡單，也不必使用任何特殊器材！
材料只需要最平常的低筋麵粉、泡打粉和
優格、鹽巴、砂糖和油。

外層酥脆，
層鬆軟有嚼勁！
剛出爐的美味，
絕對不輸街上的麵包店！

基本的快製麵包

材料 （1 個，直徑約 15cm）

A
- 低筋麵粉……200g
- 泡打粉……1 小匙
- 砂糖……1 小匙
- 鹽……⅛小匙

B
- 原味優格……2 大匙
- 水……½ 杯
- 沙拉油……1 大匙

低筋麵粉（最後加工用）……適量

準備

＊將烤麵包機的烤盤鋪上錫箔紙，薄塗一層沙拉油（未列入材料）。

Yummy! Point

因為不用揉製麵團，也沒有進行發酵，所以就算是第一次製作麵包也比較容易成功。做好麵團之後不要放太久，馬上送進烤箱烘烤，絕對會比較好吃喔！

即使是第一次也成功了喔！

挑戰成功報告

「雖然是第一次做，但我也烤出麵包了喔！」超興奮的。真的烤得像照片裡一樣。外層脆脆的，裡面軟綿綿。我是用微波爐的烤箱功能挑戰的。雖然有點烤焦，不過那樣也很好吃！（編輯 S）

捲捲揉麵包 1

基本 Quick Bread 快製麵包 製作方法

STEP 1 攪拌材料

將 **A**（低筋麵粉、泡打粉、砂糖、鹽）放入調理盆，用筷子攪拌均勻 a。在中央製造凹陷，倒入 **B**（優格、水、沙拉油）b。用矽膠刮刀從內側開始緩緩壓散，進行攪拌 c。

攪拌至粉粉的感覺消失為止

STEP

2

放在烤盤上

將麵團稍微隆起地放在已經準備好的烤盤上 d。用濾茶器將低筋麵粉（最後加工用）過篩於整體上方 e。用菜刀劃上十字刀痕 f。

直徑14~15cm，高度3~4cm即可

刀痕必須從上方往下劃大約1cm深度

STEP

3

烘烤

烤麵包機（1000W）
15分

或者是

烤箱的烘烤時間為
預熱至170度
烤20分

放進已經預熱好的烤麵包機裡烤 15 分鐘 g。途中，烤 5 分鐘左右的時候蓋上錫箔紙 h。

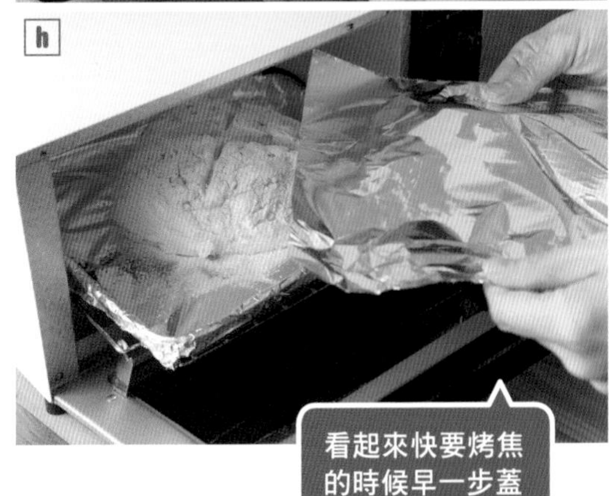

看起來快要烤焦的時候早一步蓋上錫箔紙

快製麵包(p.12)　變化款

完成所需時間
20分

Quick Bread variation

Tomato Bread

番茄麵包

運用番茄汁做出簡單變化款！
飄散淡淡的番茄香，
搭配意大利麵或燉菜根本天作之合。

材料（1 個，直徑約 15cm）

A
- 低筋麵粉……200g
- 泡打粉……1 小匙
- 砂糖……1 小匙
- 鹽……⅛小匙

B
- 原味優格……2 大匙
- 番茄汁……½ 杯
- 沙拉油……1 大匙

低筋麵粉（最後加工用）……適量

準備

＊將烤麵包機的烤盤鋪上錫箔紙，薄塗一層沙拉油（未列入材料）。

＼ 顏色很可愛吧？ ／

STEP 1

攪拌材料

將 A 放入調理盆，用筷子攪拌均勻，在中央製造凹陷，倒入 B。用矽膠刮刀從內側開始緩緩壓散，進行攪拌。

用番茄汁取代水倒進去使用

攪拌至粉粉的感覺消失為止

STEP

放在烤盤上

將 1 稍微隆起地放在已經準備好的烤盤上。用濾茶器將低筋麵粉（最後加工用）過篩於整體上方，再用菜刀劃上十字刀痕。

大小約直徑14~15cm，高度3~4cm即可

STEP 3

烘烤

烤麵包機（1000W）＞ 15 分

或者是

烤箱的烘烤時間為 ＞ 預熱至 170 度 烤 20 分

放進已經預熱好的烤麵包機裡烤 15 分鐘。途中，烤 5 分鐘左右的時候蓋上錫箔紙。

看起來快要烤焦的時候早一步蓋上錫箔紙

＼ Yummy! Point ／

只要將基本快製麵包當中的水換成番茄汁，就能變身成顏色如此可愛的番茄色麵包。請務必使用 100% 番茄原汁。根據使用的果汁種類不同，最後完成的甜度和鹹度也會有所不同。

快製麵包(p.12) 變化款

完成所需時間 20分

Quick Bread variation

Coffee Bread

咖啡麵包

剛出爐的咖啡麵包，配上
熱騰騰咖啡歐蕾！
可以悠閒起床的假日早晨，
要不要用這樣的組合來開始這一天呢？

材料 （1 個，直徑約 15cm）

A
- 低筋麵粉……200g
- 泡打粉……1 小匙
- 砂糖……2 小匙
- 鹽…… ⅛ 小匙

B
- 原味優格……2 大匙
- 稍濃的咖啡……½ 杯
- ※ 用熱水 ½ 杯沖泡即溶咖啡 1 大匙
- 沙拉油……1 大匙

細砂糖（最後加工用）……適量

準備

＊將烤麵包機的烤盤鋪上錫箔紙，薄塗一層沙拉油（未列入材料）。

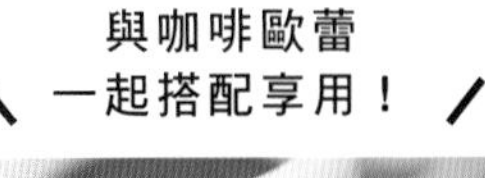

STEP 1

攪拌材料

將 A 放入調理盆，用筷子攪拌均勻，在中央製造凹陷，倒入 B。用矽膠刮刀從內側開始緩緩壓散，進行攪拌。

建議使用泡得濃一點的咖啡

攪拌至粉粉的感覺消失為止

STEP 2

放在烤盤上

將 1 稍微隆起地放在已經準備好的烤盤上。將細砂糖（最後加工用）灑於整體上方 a，用菜刀劃上十字刀痕。

a

細砂糖必須灑滿整體每個角落不可有遺漏

STEP 3

烘烤

烤麵包機（1000W）＞15 分

或者是

烤箱的烘烤時間為 ＞ 預熱至 170 度 烤 20 分

放進已經預熱好的烤麵包機裡烤 15 分鐘。途中，烤 5 分鐘左右的時候蓋上錫箔紙。

看起來快要烤焦的時候早一步蓋上錫箔紙

Yummy! Point

重點在於使用濃咖啡。我個人喜歡的是深烘焙濃縮種類的即溶咖啡。有種成熟的苦澀，能烤出非常漂亮的琥珀色。

完成所需時間

20分

Quick Bread variation

Beans Bread

豆子麵包

因為想吃甜的快製麵包，
所以就把零食甘納豆揉進麵團了。
不時從麵包裡露出臉來的豆子很可愛對吧！

材料 （1 個，直徑約 15cm）

A
- 低筋麵粉……200g
- 泡打粉……1 小匙
- 砂糖……1 大匙
- 鹽…… ⅛小匙

B
- 原味優格……2 大匙
- 水……½ 杯
- 沙拉油……1 大匙

甘納豆（綜合口味）……½ 杯（100g）
低筋麵粉（最後加工用）……適量

準備

＊將烤麵包機的烤盤鋪上錫箔紙，薄塗一層沙拉油（未列入材料）。

＼ 會忍不住愛上這溫和的甜味 ／

STEP 1 攪拌材料

將 A 放入調理盆，用筷子攪拌均勻，在中央製造凹陷，倒入 B。用矽膠刮刀從內側開始緩緩壓散攪拌，加入甘納豆大致拌勻。

攪拌至粉粉的感覺完全消失後，再把甘納豆加進去

STEP 2 放在烤盤上

將 1 稍微隆起地放在已經準備好的烤盤上。用濾茶器將低筋麵粉（最後加工用）過篩於整體上方。再用菜刀劃上十字刀痕。

大小約直徑14~15cm，高度3~4cm即可

STEP 3 烘烤

烤麵包機（1000W） > 15 分

或者是

烤箱的烘烤時間為 > 預熱至 170 度 烤 20 分

放進已經預熱好的烤麵包機裡烤 15 分鐘。途中，烤 5 分鐘左右的時候蓋上錫箔紙。

看起來快要烤焦的時候早一步蓋上錫箔紙

＼ Yummy! Point ／

這裡用的甘納豆，是我為了偶爾想吃一點甜食解饞而買的迷你包裝。如果有紅豆、綠豌豆、白花豆等大小、形狀和顏色都不一樣的綜合種類，烤出來的成品外表也會變得很可愛。

快製麵包(p.12)　變化款

完成所需時間 25分

Quick Bread variation

Olive & Anchovy Bread

橄欖 & 鯷魚麵包

受到剛出爐的香味吸引，忍不住想偷吃一點，
帶有鹹味的下酒用麵包。

材料 （1 個，直徑約 15cm）

橄欖……10 顆
鯷魚（肉片）……6 片

A
- 低筋麵粉……200g
- 泡打粉……1 小匙
- 砂糖……1 小匙
- 鹽…… ⅛ 小匙

B
- 原味優格……2 大匙
- 水……½ 杯
- 沙拉油……1 大匙

低筋麵粉（最後加工用）……適量

準備

＊將烤麵包機的烤盤鋪上錫箔紙，薄塗一層沙拉油（未列入材料）。
＊將橄欖去除水氣之後切碎，鯷魚擦去油脂之後切碎。

和葡萄酒也很搭，成年人的味道

STEP 1 攪拌材料

將 A 放入調理盆用筷子攪拌均勻，在中央製造凹陷，加入 B 和準備好的橄欖與鯷魚。用矽膠刮刀從內側開始緩緩壓散，進行攪拌。

加入橄欖和提魚，攪拌至粉粉的感覺消失為止

STEP 2 放在烤盤上

將 1 稍微隆起地放在已經準備好的烤盤上。用濾茶器將低筋麵粉（最後加工用）過篩於整體上方。再用菜刀劃上十字刀痕。

大小約直徑14~15cm，高度3~4cm即可

STEP 3 烘烤

烤麵包機（1000W） > 15分

或者是

烤箱的烘烤時間為 > 預熱至170度 烤20分

放進已經預熱好的烤麵包機裡烤 15 分鐘。途中，烤 5 分鐘左右的時候蓋上錫箔紙。

看起來快要烤焦的時候早一步蓋上錫箔紙

Yummy! Point

綠橄欖的味道清爽，我最喜歡拿來直接吃！如果想讓味道更濃厚，用黑橄欖也 OK。鯷魚根據廠牌不同，所含鹽分也不一樣，建議先試吃之後再調整用量。

快製麵包(p.12)　變化款

完成所需時間
25 分

Quick Bread variation

Ham & Cone Bread

火腿玉米麵包

將麵團分成 4 等份，烤成小尺寸的快製麵包。
因為是可以直接一口吃掉的迷你尺寸，
拿來當成便當似乎也不錯呢！

材料 （4 個，直徑約 8cm）

A
- 低筋麵粉……200g
- 泡打粉……1 小匙
- 砂糖……1 小匙
- 鹽…… ⅛ 小匙

B
- 原味優格……2 大匙
- 水……½ 杯
- 沙拉油……1 大匙

火腿片……5 片

玉米粒（水煮或乾燥包）……3 大匙

低筋麵粉（最後加工用）……適量

準備

＊將烤麵包機的烤盤鋪上錫箔紙，薄塗一層沙拉油（未列入材料）。

＊將火腿片切碎。玉米粒如果帶有水氣，將水氣徹底去除。

＼ 餡料豐富！ ／

STEP 1

攪拌材料

將 A 放入調理盆用筷子攪拌均勻，在中央製造凹陷，加入 B 和準備好的火腿與玉米粒。用矽膠刮刀從內側開始緩緩壓散，進行攪拌。

將玉米粒放入之前必須確實去除水氣

攪拌至粉粉的感覺消失為止

STEP 2

放在烤盤上

將 1 分成 4 等份稍微隆起地放在已經準備好的烤盤上 a。用濾茶器將低筋麵粉（最後加工用）過篩於整體上方，用菜刀劃上十字刀痕。

用矽膠刮刀調整出圓形

STEP 3

烘烤

烤麵包機 (1000W) ＞ 15 分

或者是

烤箱的烘烤時間為 ＞ 預熱至 170 度 烤 20 分

放進已經預熱好的烤麵包機裡烤 15 分鐘。途中，烤 5 分鐘左右的時候蓋上錫箔紙。

看起來快要烤焦的時候早一步蓋上錫箔紙

＼ Yummy! Point ／

把冰箱裡的火腿和玉米摻進快製麵包的麵團裡了。換成切碎的培根、起司或堅果，再多做一些變化也完全 OK，不過含有水氣的食材會對麵團的水份量造成影響，請盡量避開。

快製麵包(p.12) 變化款

完成所需時間 30分

Quick Bread variation

Sesame & Anko Bread

芝麻紅豆麵包

在紅豆裡加入香氣撲鼻的芝麻，再用嚼勁十足的麵包包起來。
表面塗上牛奶，烤出漂亮的焦黃色是最大的亮點！

Yummy! Point

這道芝麻紅豆麵包，把它裝進紙袋當成慰勞品送人的時候，所有人都很高興。因為久放味道也不會變差，所以最適合拿來當成貼心小禮物！

材料　（4 個，直徑約 8cm）

A
- 低筋麵粉……200g
- 泡打粉……1 小匙
- 砂糖……1 小匙
- 鹽……⅛ 小匙

B
- 原味優格……2 大匙
- 水……½ 杯
- 沙拉油……1 大匙

紅豆泥（市售品）……100g
黑芝麻醬……1 大匙
牛奶（最後加工用）……適量

準備

＊將烤麵包機的烤盤鋪上錫箔紙，薄塗一層沙拉油（未列入材料）。
＊將紅豆泥和黑芝麻醬仔細攪拌均勻。

STEP 1 攪拌材料

將 A 放入調理盆用筷子攪拌均勻，在中央製造凹陷，倒入 B。用矽膠刮刀從內側開始緩緩壓散，進行攪拌。

攪拌至粉粉的感覺消失為止

STEP 2 放在烤盤上

分成 8 等份。先將 4 份放在已經準備好的烤盤上，等量放上芝麻紅豆餡。再把剩下的 1 個分別蓋上去 a，用矽膠刮刀包好內餡。用手指一邊抹上牛奶（最後加工用）一邊調整外型，並在正中央戳一個凹洞 b。

為了避免烘焙火候不均勻，請盡量把大小控制成一樣大

a

b

洞的深度大概到食指的第一個關節處即可

STEP 3 烘烤

烤麵包機（1000W）＞ 15 分

或者是

烤箱的烘烤時間為 ＞ 預熱至 170 度 烤 20 分

放進已經預熱好的烤麵包機裡烤 15 分鐘。途中，烤 5 分鐘左右的時候蓋上錫箔紙。

看起來快要烤焦的時候早一步蓋上錫箔紙

完成所需時間

Quick Bread variation

Whole Wheat flour Quick Bread

全麥粉快製麵包

只更換了麵粉，整個感覺就不一樣了。
加入全麥粉再烤成長條狀，外觀瞬間升級成正統麵包等級！
能夠享受到全麥粉風味的大人口味。

材料（1 個，約 18x9cm）

A
- 低筋麵粉……150g
- 全麥粉……50g
- 泡打粉……1 小匙
- 砂糖……1 小匙
- 鹽……⅛ 小匙

B
- 原味優格……2 大匙
- 水……½ 杯
- 沙拉油……1 大匙

低筋麵粉（最後加工用）……適量

準備

＊將烤麵包機的烤盤鋪上錫箔紙，薄塗一層沙拉油（未列入材料）。

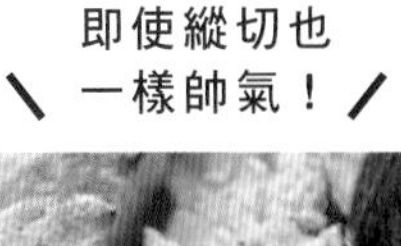

STEP 1 攪拌材料

將 **A** 放入調理盆用筷子攪拌均勻，在中央製造凹陷，倒入 **B**。用矽膠刮刀從內側開始緩緩壓散，進行攪拌。

攪拌至粉粉的感覺消失為止

STEP 2 放在烤盤上

將 **1** 放在已經準備好的烤盤上，調整成長方形。用濾茶器將低筋麵粉（最後加工用）過篩於整體上方。用菜刀以 2cm 間隔斜斜地劃上刀痕。

約長18cm，寬9cm，高度3~4cm的長方形即可

刀痕深度大約是從上往下約1cm左右

STEP 3 烘烤

烤麵包機（1000W）> **15** 分

或者是

烤箱的烘烤時間為 > 預熱至 **170** 度 烤 **20** 分

放進已經預熱好的烤麵包機裡烤 15 分鐘。途中，烤 5 分鐘左右的時候蓋上錫箔紙。

看起來快要烤焦的時候早一步蓋上錫箔紙

Yummy! Point

因為有 3 成左右的麵粉換成了全麥粉，所以會比基本的快製麵包烤得更紮實一點。如果再增加全麥粉的比例，麵包就會難以膨脹，柔軟的感覺也容易消失，所以建議用這個比例製作。

Quick Bread Arrangement Menu

「基本快製麵包」(p.12)的美味新吃法

不用奶油改塗芥末籽醬
才是 Yummy 派做法！

雞蛋沙拉三明治

材料

基本快製麵包（p.12）……1cm 厚 4 片
水煮蛋……1 個
A
- 美乃滋……1 大匙
- 牛奶……½ 小匙
- 砂糖……¼ 小匙
- 鹽……少許
- 乾燥香芹……¼ 小匙

芥末籽醬……1 小匙

作法

1 將水煮蛋放入調理盆，用叉子搗爛，加入 **A** 仔細攪拌均勻。
2 拿兩片快製麵包，單面塗抹芥末籽醬，各自放上等量的 **1**，再把另外 2 片蓋上去夾起來。

使用奶油起司 & 披薩用起司
兩種起司的豪華口味

雙重起司吐司

材料

基本快製麵包（p.12）……1cm 厚 2 片
奶油起司……20g
披薩用起司……30g

作法

1 將奶油起司放進耐熱容器，用微波爐（600W）加熱 20 秒。
2 在兩片快製麵包的單面等量塗抹 **1**，各灑上一半的披薩用起司。
3 放進已經預熱好的烤麵包機烤 5 分鐘左右讓起司融化，依照喜好灑上黑胡椒。

原味的快製麵包，感覺跟什麼東西都很搭配。
可以把喜歡的東西放上去、夾進去，或是一起烤……
不論是切法或搭配材料全部自由自在！我個人很喜歡的簡單新吃法則是下列這四道。
※ 所有材料都是 1~2 人份。

加上番茄 & 大蒜，
變成與紅酒十分搭配的西班牙前菜

大蒜番茄麵包

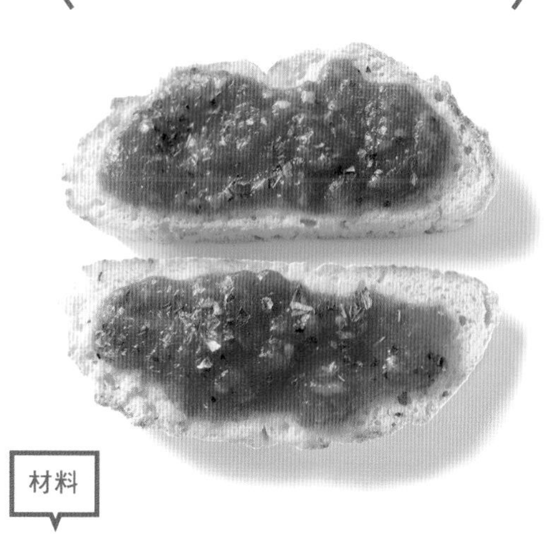

材料

基本快製麵包（p.12）……1 個
番茄……1 個
鹽…… ⅛ 小匙
橄欖油……1 大匙
大蒜……1 瓣
奧勒岡葉（乾燥）……適量

作法

1 將番茄對切磨成泥，加入鹽和橄欖油攪拌均勻。
2 將快製麵包切成 1cm 片狀，用平底鍋將兩面烤到焦黃。大蒜對切，用切口部位在麵包其中一面上輕輕摩擦。
3 將 **1** 塗抹在 **2** 上，灑上奧勒岡葉。

放置了一段時間的快製麵包
絕對推薦這個美味新吃法！

蜂蜜法式吐司

材料

基本快製麵包（p.12）……1cm 厚 2 片
蛋……1 個
砂糖……1 大匙
牛奶……¼ 杯
奶油……10g
蜂蜜……1 大匙

作法

1 把蛋打入調理盆，加入砂糖仔細攪拌，再加入牛奶拌勻。
2 將快製麵包放入 **1** 的調理盆，一邊上下翻面一邊浸泡約 15 分鐘。
3 把奶油放入平底鍋，開火，等奶油融化後將 **2** 並排放入。用小火烤 3 分鐘，翻面再烤 2 分鐘直到出現焦黃色。把蜂蜜倒進平底鍋的空隙加熱煮滾，淋在麵包上。

不只可以當成餐包，
由於本身帶有淡淡的雞蛋甜味
和奶油香，所以我都拿來搭配咖啡，
當成點心吃得很開心！

Egg Bread

金黃色雞蛋麵包

這是加了雞蛋和奶油的布里歐風格 RICH 型麵包。
剛出爐時閃閃發亮的金黃色，實在讓人感動！
一放進嘴裡，那紮實的口感和
奶油的香味馬上就會充滿整個口腔。

基本的
金黃色雞蛋麵包

材料（400~500ml 耐熱容器 1 個份）

A
- 高筋麵粉……150g
- 砂糖……1 大匙
- 乾酵母……1 小匙

B
- 奶油……50g
- 牛奶……½ 杯

蛋……1 個

準備

＊將蛋放置至室溫。
＊將蛋打散，另外分裝 1 小匙，以備最後加工用。
＊將 B 放入耐熱調理盆，用微波爐 (600W) 加熱 1 分鐘，攪拌至奶油融化。

Yummy! Point

放到隔天也不會變得乾巴巴，還是很濕潤！所以可以前一天先烤好當成隔天早餐的吐司，或是做成午餐的三明治。口味是原味，所以也很適合加入培根或起司一起烤。

即使是第一次也成功了喔！

挑戰成功報告

「烤得真是成功呢～」忍不住自我陶醉（笑）。我是用磅蛋糕模具烤的。麵團膨起來貼到錫箔紙上，結果焦掉了，不過用手指壓平之後，最後還是順利出爐。放上奶油一起吃，那份美味實在太讓人感動了！（編輯 S）

基本 Egg Bread
金黃色雞蛋麵包
製作方法

STEP
1 攪拌材料

將 A（高筋麵粉、砂糖、乾酵母）放入調理盆用筷子攪拌均勻 a。在中央製造凹陷，將已經準備好的 B（奶油、牛奶）和蛋液，一起倒進去 b。用矽膠刮刀從內側開始緩緩壓散，進行攪拌 c。

確實攪拌至
麵粉塊完全消失，整體變得
平順光滑為止！

STEP 2 裝進耐熱容器

在耐熱容器裡塗油（未列入材料），讓整個底部黏上一層低筋麵粉（未列入材料）d。將1裝進容器，用矽膠刮刀撫平表面e。拿刷子沾取先前分裝出來用作最後加工的蛋液，塗滿整個表面f。

STEP 3 烘烤

烤麵包機（1000W）
25分
或者是
烤箱的烘烤時間為
預熱至150度
烤30分

蓋上錫箔紙，放進已經預熱好的烤麵包機裡烤15分鐘g，然後拿下錫箔紙再烤10分鐘。

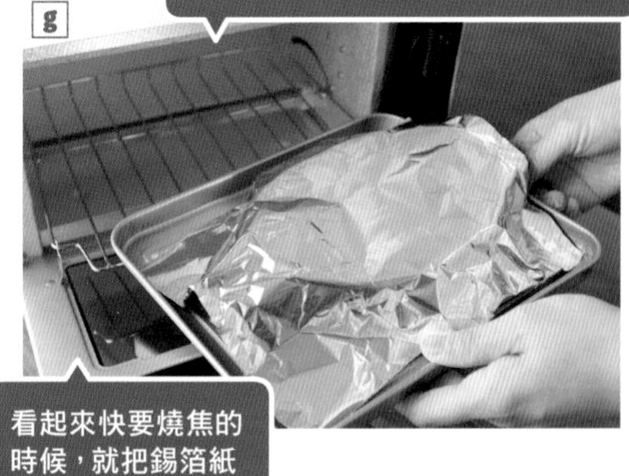

！

從容器裡取出來時，可以用小型刀具之類的工具插進去然後輕輕舉起來，這樣會比較容易。

金黃色雞蛋麵包(p.32) 變化款

Egg Bread variation

Dinner roll Egg Bread

餐包形式小雞蛋麵包

可能是因為手掌大小太容易入口，
總是嘴巴上說著再一個就好、再一個就好，
手卻完全停不下來……
這麵包必須小心不要吃過頭。

材料（6 個，直徑約 6cm）

A
- 高筋麵粉……150g
- 砂糖……1 大匙
- 乾酵母……1 小匙

B
- 奶油……50g
- 牛奶……½ 杯

蛋……1 個

準備

＊將蛋放置至室溫。

＊將烤麵包機的烤盤鋪上錫箔紙，薄塗一層沙拉油（未列入材料）。

＊將蛋打散，另外分裝 1 小匙以備最後加工用。

＊將 B 放入耐熱調理盆，用微波爐 (600W) 加熱 1 分鐘，攪拌至奶油融化。

明明只是烤得小一點，感覺卻變了很多吧？

STEP 1

攪拌材料

將 A 放入調理盆用筷子攪拌均勻。在中央製造凹陷，將已經準備好的 B 和蛋液倒進去。用矽膠刮刀從內側開始緩緩壓散，進行攪拌。

確實攪拌均勻直到變得平順光滑為止！

STEP 2

放在烤盤上

將 1 分成 6 等份稍微隆起地放在已經準備好的烤盤上。拿刷子沾取先前分裝用作最後加工的蛋液，塗滿整個表面 a。

如果沒有刷子，用手指或湯匙的背面塗抹也OK

STEP 3

烘烤

烤麵包機 (1000W) > 20分

或者是

烤箱的烘烤時間為 > 預熱至150度 烤25分

蓋上錫箔紙，放進已經預熱好的烤麵包機裡烤 10 分鐘，然後拿下錫箔紙再烤 10 分鐘。

快要燒焦的時候，就把錫箔紙再蓋回去即可

Yummy! Point

這是把基本金黃色麵包的麵團分成迷你尺寸烤出來的麵包。為了避免火候不均，大小相同是很重要的一點，不過有大有小也是很可愛的麵包。就算形狀色澤不太一致也不要在意。

金黃色雞蛋麵包(p.32)　變化款

完成所需時間
35分

Egg Bread variation

Orange Marmalade Bread

柳橙風味雞蛋麵包

以布里歐麵包常見的柳橙風味為範本。
切開之後趁熱抹上奶油
再大口吃下去，實在太棒了！

材料 （400~500ml 耐熱容器 1 個份）

A
- 高筋麵粉……150g
- 砂糖……1 大匙
- 乾酵母……1 小匙

B
- 奶油……50g
- 牛奶……½ 杯

蛋……1 個

橙皮果醬……1 大匙

準備

＊將蛋放置至室溫。

＊將蛋打散，另外分裝 1 小匙以備最後加工用。

＊將 B 放入耐熱調理盆，用微波爐 (600W) 加熱 1 分鐘，攪拌至奶油融化。

橙皮果醬和
剛出爐麵包的幸福香味♪

STEP 1 攪拌材料

將 A 放入調理盆用筷子攪拌均勻。在中央製造凹陷，將已經準備好的 B、蛋液和橙皮果醬倒進去。用矽膠刮刀從內側開始緩緩壓散，進行攪拌。

確實攪拌均勻
直到變得光滑為止！

STEP 2 裝進耐熱容器

在耐熱容器裡塗油（未列入清單），讓整個底部黏上一層低筋麵粉（未列入材料）。將 1 裝進去，用矽膠刮刀撫平表面。拿刷子沾取先前分裝出來用作最後加工的蛋液塗滿整個表面。

轉動容器，
讓側面也黏上一層
低筋麵粉

STEP 3 烘烤

烤麵包機 (1000W) > 25 分

或者是

烤箱的烘烤時間為 > 預熱至 150 度 烤 30 分

蓋上錫箔紙，放進已經預熱好的烤麵包機裡烤 15 分鐘，然後拿下錫箔紙再烤 10 分鐘。

快要燒焦的時候，
就把錫箔紙再
蓋回去即可

Yummy! Point

橙皮果醬的清爽香氣和微帶苦味的果皮口感，與紮實的麵包非常搭配，是不同於基本金黃色雞蛋麵包 (p.32) 的美味。請務必搭配自己喜歡的橙皮果醬或草莓果醬吃吃看。

Egg Bread Arrangement Menu

「基本金黃色雞蛋麵包」(p.32)的美味新吃法

水果可以依照喜好任意更換！
這次使用的是草莓 & 哈密瓜

水果鮮奶油三明治

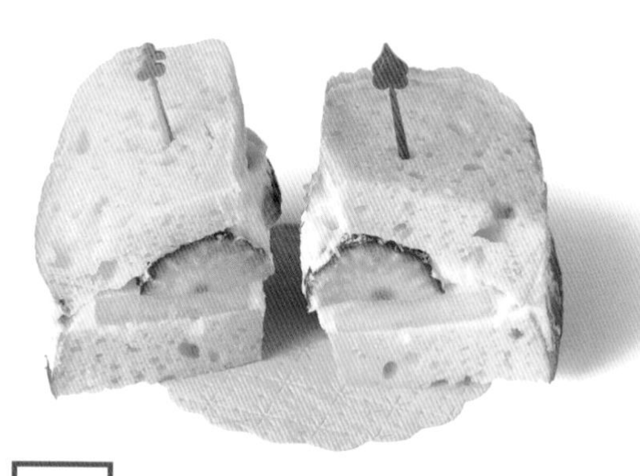

材料

基本金黃色雞蛋麵包 (p.32)……1cm 厚 4 片
鮮奶油……適量
草莓……3～4 個
哈密瓜（5mm 厚）……2 小塊

作法

1 將草莓直向對切。
2 將雞蛋麵包的單面薄塗一層生奶油，把草莓和哈密瓜等量放在其中兩片上，再把剩下的生奶油分成兩半抹上去。蓋上另外兩片麵包，用保鮮膜包好放進冰箱冷藏 30 分鐘。
3 用叉子刺好固定後，對切。

表面飄散著奶油香氣又酥脆☆
裡面的鮪魚和起司交纏牽～絲

鮪魚起司三明治

材料

基本金黃色雞蛋麵包（p.32）……1cm 厚 8 片
鮪魚罐頭……1 罐
A ［洋蔥末……1 大匙
美乃滋……1 大匙
粗磨黑胡椒……少許］
披薩用起司……40g
奶油……10g

作法

1 將鮪魚罐頭的湯汁徹底瀝乾，肉放入調理盆，加入 **A** 攪拌均勻。
2 將 **1** 抹在 4 片雞蛋麵包上，等量灑上起司，再把剩下 4 片麵包蓋上去。
3 把奶油放入平底鍋內，再開火，將 **2** 並排放入，把兩面烤至焦黃。

金黃色雞蛋麵包的特徵就是雞蛋和奶油的風味。
搭配荷包蛋當成早餐麵包或是熱壓三明治都非常適合。
不過做成甜的更是絕配！當成甜點麵包也有很多不同的享用方式。
※ 所有材料都是 1~2 人份。

雖然是法式脆片，
但是稍微有點柔軟的口感是重點所在

砂糖奶油法式脆片

材料

基本金黃色雞蛋麵包（p.32）……1cm 厚 6 片
奶油……20g
細砂糖……1 大匙

作法

1 將雞蛋麵包放在鋪有紙巾的耐熱盤上，不要蓋上保鮮膜，放進微波爐 (600W) 加熱 2 分鐘。
2 把奶油放進耐熱容器，用微波爐加熱 20 秒融化。塗在 **1** 的表面，灑上細白糖。
3 在烤箱的烤盤上鋪好一層烘焙紙，把 **2** 排列上去，用預熱至 130 度的烤箱烤 10 分鐘，放置在網子之類的東西上冷卻。

因為是用平底鍋烤的，
所以表面酥脆又能帶出奶油的風味

平底鍋特製奶油吐司

材料

基本金黃色雞蛋麵包（p.32）……1cm 厚 2 片
奶油……10g
荷包蛋、烤香腸、小番茄、萵苣等……各適量

作法

1 將奶油放入平底鍋，開火。等奶油融化後並排放入雞蛋麵包，將兩面烤至焦黃。
2 與事先準備好的荷包蛋、香腸等自己喜歡的食物一起裝盤。

Focaccia

佛卡夏麵包

完全不用揉捏，只要稍微攪一攪
再鋪平在烤盤上烤一烤就好！
這份食譜讓大家能
更輕鬆簡單地製作義大利的傳統麵包。
橄欖油的香氣大大促進食慾，
與義大利麵也非常搭配。

佛卡夏麵包
據說是披薩的原型，
所以上面可以隨意放置任何材料。
不過如果想品嘗原味，
最後灑上的粗鹽
最好選用大顆粒的結晶鹽。

基本的佛卡夏麵包

完成所需時間 55分

材料 （1個，約20X15cm）

高筋麵粉……240g
乾酵母……1小匙
溫水……1杯
鹽……½小匙
橄欖油……2小匙
粗鹽（最後加工用）……¼小匙

準備

＊將烤麵包機的烤盤鋪上錫箔紙，薄塗一層沙拉油（未列入材料）。

基本的佛卡夏麵包，光是橄欖油的風味與粗鹽的滋味就足以盡情享用。所以橄欖油最好能使用特級初榨橄欖油，粗鹽也希望能使用稍微奢侈一點的高價品！

即使是第一次也成功了喔！

挑戰成功報告

竟然連初學者也能烤得這麼好吃！太感激了。我家的烤箱微波爐似乎是中央火力較強，我移動了錫箔紙好幾次。把別人送的義大利土產鹽巴敲碎使用，果然是天作之合！（編輯S）

捲捲揉麵包 3

基本 Focaccia

佛卡夏麵包

製作方法

★麵團難以膨脹的時候…

在天氣寒冷或是比較趕時間的時候，可以用平底鍋把水加熱至 40 度左右，然後從爐子上移開，讓放有麵團的調理盆底部接觸熱水，隔水加熱。

STEP

1

攪拌材料

將一半的高筋麵粉放入調理盆，在中央製造凹陷，加入乾酵母和溫水，用矽膠刮刀攪拌 a。將鹽和剩下的高筋麵粉加進去攪拌均勻 b。稍微捲成一團之後蓋上保鮮膜 c，放置在室溫當中直到膨脹至 1.5 倍大左右。d

先放一半的高筋麵粉，然後加入乾酵母和溫水，攪拌至光滑平順為止

攪拌至粉粉的感覺消失為止

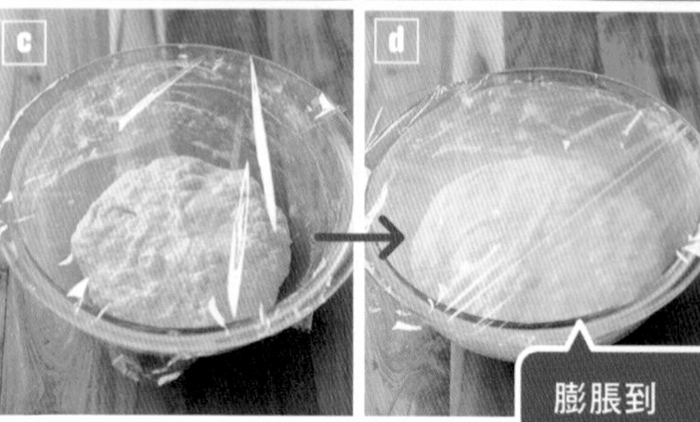

膨脹到大概1.5倍大了！

如果過了30分鐘還是沒有膨脹，請參考左邊★的方法隔水加熱

STEP

2

在烤盤上鋪平

將麵團放在已經準備好的烤盤上，淋上橄欖油，用手將麵團鋪平在整塊烤盤上 e 。一整面均勻灑上粗鹽（最後加工用） f ，用手指在麵團上戳出幾個洞 g 。

STEP

3

烘烤

放進已經預熱好的烤麵包機烤 15 分鐘 h i 。

或者是

烤箱的烘烤時間為
預熱至 170度
烤 20分

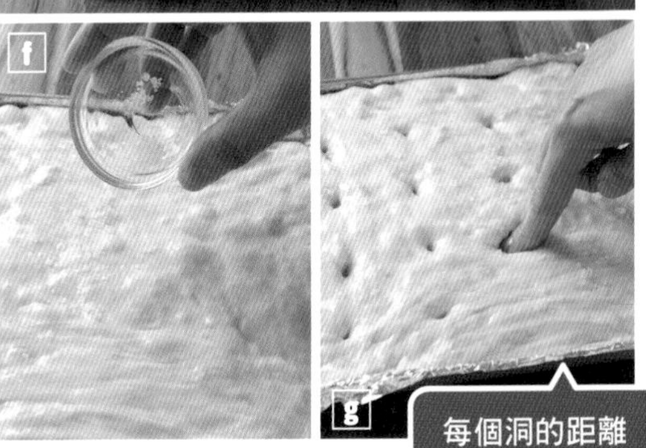

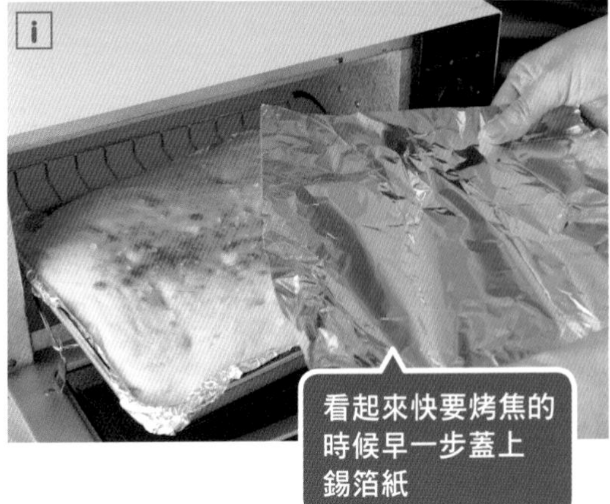

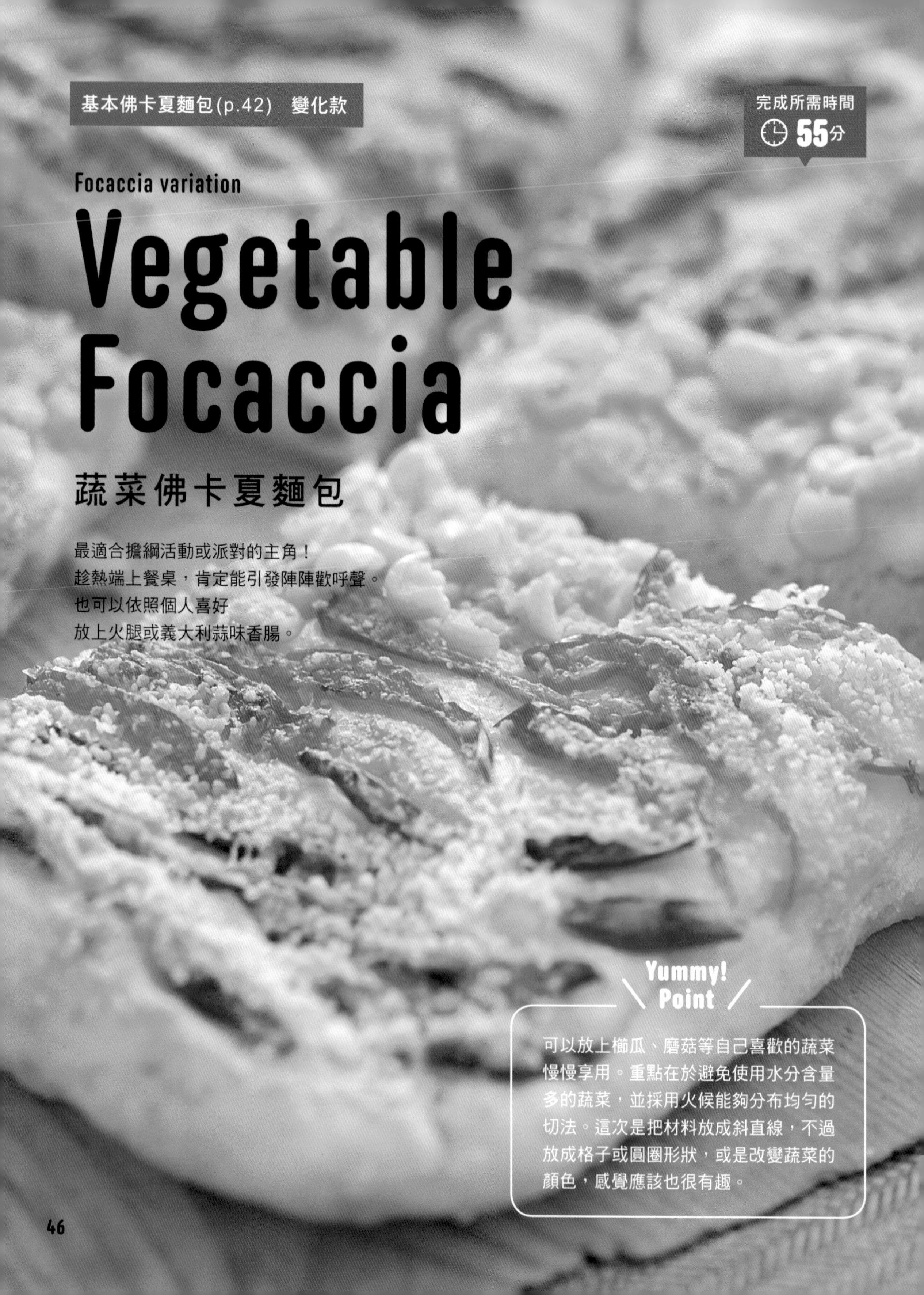

基本佛卡夏麵包(p.42)　變化款

完成所需時間
55分

Focaccia variation

Vegetable Focaccia

蔬菜佛卡夏麵包

最適合擔綱活動或派對的主角！
趁熱端上餐桌，肯定能引發陣陣歡呼聲。
也可以依照個人喜好
放上火腿或義大利蒜味香腸。

Yummy! Point

可以放上櫛瓜、磨菇等自己喜歡的蔬菜慢慢享用。重點在於避免使用水分含量多的蔬菜，並採用火候能夠分布均勻的切法。這次是把材料放成斜直線，不過放成格子或圓圈形狀，或是改變蔬菜的顏色，感覺應該也很有趣。

材料 （1 個，約 20cmX15cm）

高筋麵粉……240g
乾酵母……1 小匙
溫水……1 杯
鹽……½ 小匙
橄欖油……2 小匙
〈上面的蔬菜〉
彩椒（紅）……¼ 個
四季豆……4 根
玉米粒（水煮或乾燥包）……3 大匙
起司粉……2 大匙

準備

＊將彩椒直向對切，然後打斜切絲。四季豆斜切薄片，玉米去除水份。
＊將烤麵包機的烤盤鋪上錫箔紙，薄塗一層沙拉油（未列入材料）。

3色蔬菜真有趣！
真煩惱該怎麼切！

STEP 1 攪拌材料

將一半的高筋麵粉放入調理盆，在中央製造凹陷，加入乾酵母和溫水，用矽膠刮刀攪拌。將鹽和剩下的高筋麵粉加進去攪拌，稍微捲成一團之後蓋上保鮮膜，放置在室溫當中直到膨脹至 1.5 倍大左右。

攪拌至粉粉的感覺消失為止

如果過了30分鐘
都沒有膨脹
或是必須趕時間，
請隔水加熱(參照p.44★)

STEP 2 在烤盤上鋪平

將 1 放在已經準備好的烤盤上，淋上橄欖油，用手將麵團鋪平在整塊烤盤上。將準備好的蔬菜依照顏色錯落有致地放好 a ，灑上起司粉。

當麵團膨脹時
上面的材料很容易脫落，
所以蔬菜要稍微
壓進去麵團裡面

STEP 3 烘烤

烤麵包機 (1000W) > 15分

或者是

烤箱的烘烤時間為 > 預熱至170度 烤20分

放進已經預熱好的烤麵包機烤 15 分鐘。

看起來快要烤焦的
時候早一步蓋上
錫箔紙

看起來快要
烤得不均勻的時候，
就中途轉動一下
烤盤的方向

Column

麵包的
美味好夥伴

我總是製作 2~3 天可以吃完的份量。
因為完全不會添加多餘的味道，
所以每天吃也不覺得膩。請務必試作看看！

用桃子罐頭製作而成，濃膩又醇厚的果醬。洋梨罐頭和鳳梨罐頭也很好吃喔♪

桃子罐頭果醬

材料與作法

1 將 1 罐白桃罐頭 (425g) 切成不規則碎末。

2 將 2 大匙細砂糖、1 大匙檸檬汁和 **1** 放入調理盆，蓋上保鮮膜，再用微波爐 (600W) 加熱 8 分鐘。

在義大利托斯卡尼地區非常普遍的抹醬。跟葡萄酒很搭！

白腎豆抹醬

材料與作法

1 取 1 杯白腎豆（水煮）去除水氣。將 ½ 顆洋蔥切成不規則碎末。

2 將 1 大匙橄欖油和洋蔥放入平底鍋翻炒。炒軟之後加入 ½ 小匙迷迭香（乾燥）繼續翻炒，直到炒出香氣為止。加入 **1** 的白腎豆和⅛小匙的鹽，一邊把豆子壓爛增加黏稠度，一邊繼續翻炒。

光是和起司夾著一起吃，就好吃到讓人融化！

油漬番茄乾

材料與作法

1 將 200g 小番茄洗乾淨，瀝乾水分後直向對切，切面朝上放在耐熱盤上。

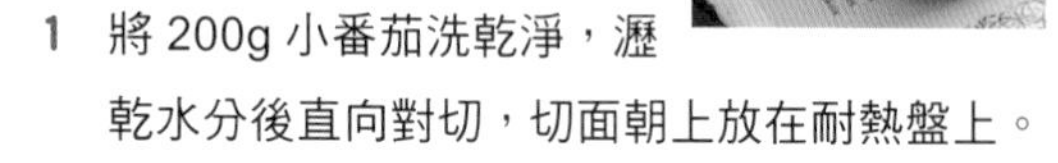

2 灑上 ¼ 小匙的鹽，不蓋保鮮膜直接用微波爐 (600W) 加熱 8 分鐘，收乾其中的水分。

3 加入 ½ 杯橄欖油和 1 小匙羅勒（乾燥）攪拌。

＊倒入密閉容器並放入冰箱可保存 1 星期，不過炎熱的季節最好還是快點吃完吧。

誕生於中東與北非地區。最近最熱門的素食食品。

鷹嘴豆泥

材料與作法

1 將 1 杯鷹嘴豆（水煮）放在竹篩上，用木杓之類的東西壓扁磨泥。

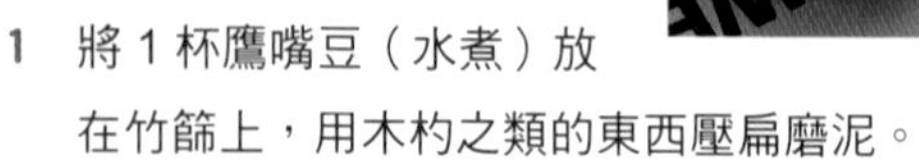

2 將 1 大匙檸檬汁、2 大匙白芝麻醬、¼ 小匙鹽和 **1** 放入調理盆，攪拌均勻。

\ 典藏版 /

Yummy老師

傳說中的人氣麵包

一開始在部落格介紹的時候就獲得眾人好評，
長～～久以來一直受人喜愛的麵包，全都在此。
這些都是我自己也會每天反覆一作再作的麵包食譜。
因為有考量到盡量使用家中現有的器材並簡化了製作過程，
所以也很推薦給第一次製作麵包的人！
能吃到剛出爐的麵包，是自己動手作的人的特權！
一旦嚐過這個味道，相信一定會愛上自己親手做麵包。
首先就從手邊有材料的食譜開始嘗試吧！

Bagle
不發酵也
嚼勁十足的貝果

為了把原本作起來有點麻煩的
貝果變得更簡單，
經過多方嘗試，最後誕生的就是
這道「無發酵」食譜。
香氣和彈牙的嚼勁簡直完美！

材料（2 個，直徑 12cm）

高筋麵粉……130g

A
- 乾酵母……½ 小匙
- 砂糖……2 小匙

溫水（約 50 度）……70ml

鹽……¼ 小匙

準備

＊將烤麵包機的烤盤鋪上錫箔紙。

完成所需時間 30分

STEP 1 製作麵團

將高筋麵粉放入調理盆，在中央製造凹陷加入 A，倒入熱水。用筷子從內側開始緩緩攪散再大致拌勻，加入鹽，放置約 5 分鐘 a。

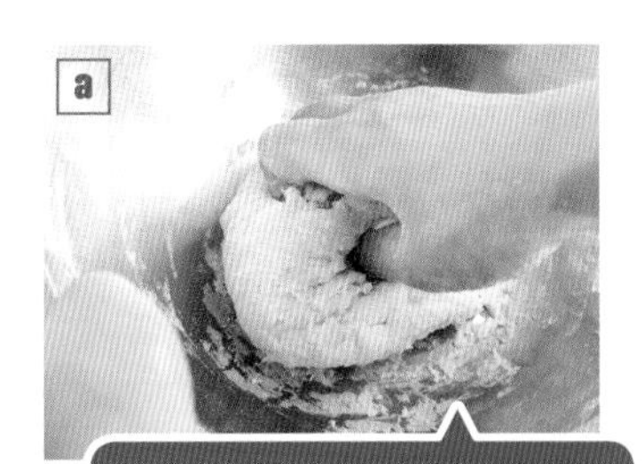

有時間的話，可以10~15分鐘為目標進行搓揉，做出細緻的麵團

STEP 2 揉製整型

分成 2 等份，搓圓，用保鮮膜包好放置約 5 分鐘。等表面變得光滑之後，用手指插入麵團中央開個洞，再直接用手指轉開麵團，作成環狀 b。

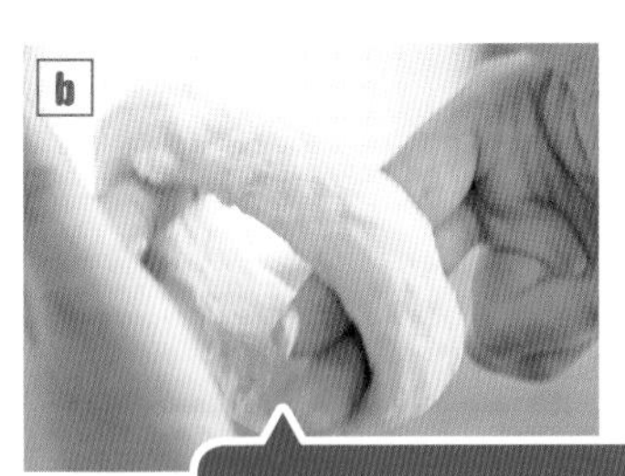

用雙手手指伸入洞口中一邊轉動一邊拉長麵團

STEP 3 水煮後烘烤

烤麵包機（1000W）> 15分

或者是

烤箱的烘烤時間為 > 預熱至170度 烤20分

煮一鍋滾水，將 2 每一面各煮 1 分鐘 c，仔細瀝乾水分。放在準備好的烤盤上，放進已經預熱好的烤麵包機烤 15 分鐘。途中，烤 10 分鐘左右的時候蓋上錫箔紙。

水煮之後仔細瀝乾水分再放進烤麵包機

Yummy! Point

我喜歡的吃法，是把嫩烤雞肉和萵苣夾在裡面，作成「雞肉惡魔風味三明治」。也很喜歡走紐約風格，夾著奶油起司、鮭魚和洋蔥圈。

餐包

Small Bread
迷迭香小麵包

在做菜的空檔隨手做出來的
圓滾滾又小巧可愛的隨餐麵包。
淡淡迷迭香風味的清爽口味，
不會影響料理的味道，
與燉菜和湯品十分搭配。

材料（3 個，直徑 7~8cm）

A
- 高筋麵粉……100g
- 低筋麵粉……50g
- 泡打粉……1 小匙
- 砂糖……2 小匙
- 鹽…… ⅛ 小匙

迷迭香（乾燥）……1 撮

B
- 橄欖油……1 大匙
- 蛋液……3 大匙
- 原味優格……3 大匙

蛋液（最後加工用）……少許

準備

＊將烤麵包機的烤盤鋪上錫箔紙。

＊用手將迷迭香揉碎。

STEP 1 製作麵團

將 A 和迷迭香放入調理盆用筷子攪拌，在中央製造凹陷，加入 B。用手稍加攪拌，搓揉到可以捏成團的程度。

秘訣是不要攪過頭

STEP 2 揉製整型

分成 3 等份，搓圓。

大小約為直徑5cm，高度4cm左右。

當麵團黏手的時候，可以灑一點點高筋麵粉

STEP 3 烘烤

烤麵包機（1000W）＞15分

或者是

烤箱的烘烤時間為 ＞ 預熱至170度 烤20分

將 2 排在準備好的烤盤上，塗上最後加工用的蛋液，放進已經預熱好的烤麵包機裡，烤 15 分鐘。

塗上蛋液之後再烤就能烤得光滑閃亮

途中，看起來快要烤焦的時候蓋上錫箔紙

Yummy! Point

添加進去的香草，可以依照個人喜好更換成乾燥羅勒或奧勒岡葉。黑胡椒之類的香料也滿搭的喔。重點在於不要放太多。稍微有點香氣就是最好的。

餐包

完成所需時間 20分

Scone
酥酥脆脆司康

用手搓圓然後啪地一聲拍扁，
拿平底鍋烤 10 分鐘！
就能吃到鬆鬆脆脆的熱騰騰司康。
作法明明這麼簡單，味道卻是驚人地正統。

材料 （6 個，直徑 6cm）

A
- 低筋麵粉……120g
- 砂糖……1 大匙
- 鹽……1 撮
- 泡打粉……1 小匙

奶油……40g
牛奶……3 大匙
低筋麵粉……1 小匙

說到司康最不可或缺的就是凝脂奶油。買不到的時候，可以把鮮奶油放在咖啡濾紙上放置一晚，瀝乾水分之後就會成為類似凝脂風味的奶油。

STEP 1 製作麵團

將 A 放入調理盆，用打蛋器攪拌。放入奶油，一邊用小刀切成小塊一邊裹上粉類，用手指搓成砂粒狀。加入牛奶，用矽膠刮刀攪拌至粉粉的感覺消失為止。在手裡灑些低筋麵粉，將麵團整理成一團，搓揉 10 次左右。

粉類與奶油混合在一起搓揉成鬆散的砂粒狀

酥脆感會消失所以切記最後不要搓揉太多次

STEP 2 揉製成型

取出放在平台上，分成 6 等分搓成圓型，壓扁。

壓扁後厚度約1cm

STEP 3 烘烤

平底鍋（偏弱的中火）＞ 10 分

或者是

烤麵包機 (1000W)的烘烤時間為 ＞ 15 分

或者是

烤箱的烘烤時間為 ＞ 預熱至 170 度 烤 20 分

排列在鐵氟龍加工的不沾鍋上，蓋上蓋子，以偏弱的中火烤 5 分鐘，上下翻面之後再烤 5 分鐘左右。

烤出焦黃色之後就上下翻面

Yummy! Point

成品想作得酥酥脆脆的秘訣，就在於奶油的攪拌方式。一開始先用刀子切成小塊，再用手指將奶油和粉類搓成鬆散的砂粒狀，直到看不見成塊的奶油便大功告成。如果奶油融化變得黏手，就暫時再放回冰箱冷藏。

餐包

Milk Bread

牛奶麵包

Yummy! Point

食譜當中用的是牛奶與煉乳，不過單用牛奶也 OK。如果想做出更濃郁的風味，甚至可以用鮮奶油代替。如果只用水來作，就會變成味道清爽的麵包。

奶香濃郁又綿密～!!
信手拈來就能搞定。
濃厚的牛奶風味與甘甜極為美味，
讓人忍不住一口接一口的麵包。

材料 （1 個，18cm 的橢圓形）

A
- 高筋麵粉……100g
- 乾酵母……1 小匙
- 鹽……¼ 小匙
- 砂糖……2 小匙

B
- 牛奶……¼ 杯
- 煉乳……1 大匙

奶油……15g

準備

＊將牛奶與奶油放置至室溫。若是在冬天，就把牛奶放進微波爐 (600W) 加熱約 20 秒。

＊將烤麵包機的烤盤鋪上錫箔紙。

STEP 1 製作麵團

將 A 放入調理盆用筷子攪拌，在中央製造凹陷加入 B，從內側開始緩緩壓散攪拌。加入奶油後稍加揉捏，揉成圓型後蓋上保鮮膜放置 5 分鐘左右。然後搓揉約 5 分鐘，再揉成圓型，將雙手弄濕稍微沾濕麵團表面，蓋上保鮮膜讓麵團發酵 20~30 分鐘 a 。

膨脹成
約2倍大就OK了！

STEP 2 揉製成型

取出放在平台上，用手輕壓排出氣體，搓揉 2~3 次之後壓平成直徑 15cm 的圓形 b 。摺成三摺，然後再將較長的兩端捏在一起，將開口捏緊 c 。將開口翻轉朝下，用菜刀劃 3~4 道刀痕 d 。

用手指捏緊，
確實封好！

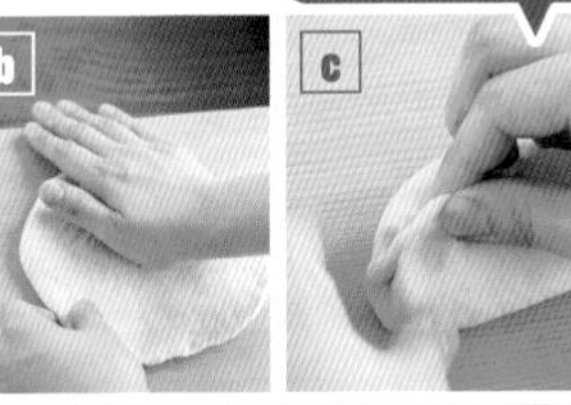

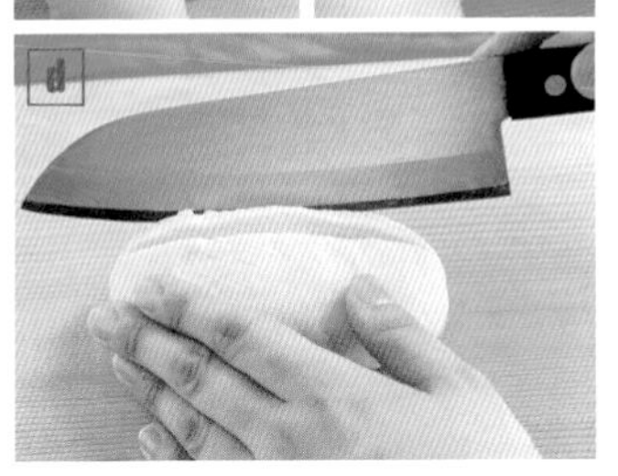

STEP 3 烘烤

或者是

烤箱的烘烤時間為 > 預熱至 170 度 烤 20 分

放在已經準備好的烤盤上，弄濕雙手稍微沾濕表面，蓋上保鮮膜放置 10 分鐘讓麵團再膨脹一圈。取下保鮮膜，放進已經預熱好的烤麵包機裡，烤 15 分鐘。

中途，
烤出焦黃色之後
就馬上蓋上錫箔紙

餐包

Brötchen

小蓮的白麵包
奧地利小麵包

看起來就像小嬰兒粉嫩的屁屁，
圓滾滾的形狀可愛極了！
甚至讓人覺得一口吃掉實在太可惜。
個人最喜歡塗上起司再吃！

Yummy! Point

本來奧地利小麵包當中使用的水分就只有普通的水而已，但我想做成《小天使小蓮》的那種軟綿綿的白麵包，所以把水換成優格。這麼一來就能抑制麵包的焦黃色，味道也會變得更濃郁。

材料（2 個，直徑 10x15cm）

A
- 高筋麵粉……100g
- 乾酵母……1 小匙
- 鹽……¼ 小匙
- 砂糖……1 小匙

B
- 水（冬天則用 30 度左右的溫水）……1 大匙
- 原味優格……¼ 杯

奶油……5g

高筋麵粉（最後加工用）……1 小匙

準備

＊將奶油放置至室溫。

＊將烤麵包機的烤盤鋪上錫箔紙。

完成所需時間 60 分

STEP 1 製作麵團

將 A 放入調理盆用筷子攪拌，在中央製造凹陷加入 B。從內側開始緩緩壓散攪拌，加入奶油後搓揉約 5 分鐘 a 揉成圓型。將雙手弄濕稍微沾濕麵團表面，放進調理盆蓋上保鮮膜，於室溫下發酵 15~30 分鐘，直到膨脹成 2 倍大為止。

持續搓揉，直到表面出現光澤！一邊90度旋轉調理盆一邊搓揉，做起來會更順手

STEP 2 揉製整型

取出放在平台上，用手輕壓排出氣體，分成 2 等份之後像是將麵團拉長一般揉圓 b，將開口確實捏緊。將開口翻轉朝下，灑上高筋麵粉（最後加工用），用筷子抵在中央往下壓 c。

用雙手拿著，把麵團左右往下拉一般揉圓

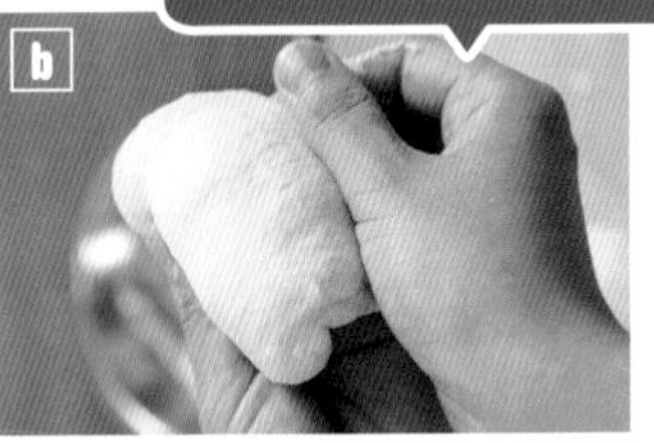

STEP 3 烘烤

烤麵包機（1000W）> 15 分

或者是

烤箱的烘烤時間為 > 預熱至 170 度 烤 20 分

放在已經準備好的烤盤上，蓋上保鮮膜放置 15 分鐘讓麵團再膨脹一圈。取下保鮮膜，放進已經預熱好的烤麵包機烤 15 分鐘。

中途，烤出焦黃色之後就馬上蓋上錫箔紙

English Muffin

英式瑪芬

可以用平底鍋作！
要吃的時候掰成兩半，將剖面稍微烘烤一下！
趁熱放上奶油，馬上就會
整～個融化滲進去，
好吃到讓人停不下來！

材料（3 個，直徑 10cm）

A
- 高筋麵粉……130g
- 乾酵母……1 小匙
- 泡打粉……⅛ 小匙
- 砂糖……1 小匙

溫水（約 40 度）……5 大匙 (75ml)

B
- 鹽……⅛ 小匙
- 奶油……5g

玉米粉……1 大匙

準備

＊將奶油放置至室溫。

完成所需時間 35~45分

STEP 1 製作麵團

將 A 放入調理盆用筷子攪拌，在中央製造凹陷，倒入溫水。用手從內側開始緩緩壓散攪拌，加入 B 後搓揉約 5 分鐘直到表面出現光澤 a，再揉成圓型。放進調理盆蓋上保鮮膜，發酵 15~30 分鐘直到膨脹成 2 倍大為止。

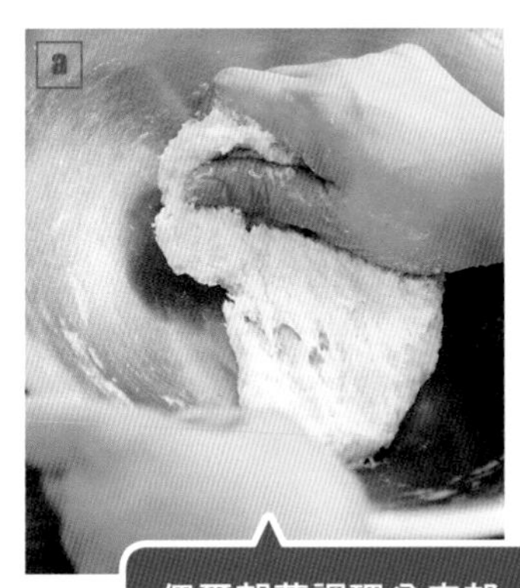

偶爾朝著調理盆底部一邊用力摔一邊搓揉。如果實在太黏，就稍微追加一些高筋麵粉

STEP 2 揉製整型

取出放在平台上，用手輕壓排出氣體。分成 3 等份之後揉圓，一邊裹上玉米粉一邊壓扁 b。

壓成厚度約1cm的扁圓型

STEP 3 烘烤

平底鍋（偏弱的中火）> 20分

排列在鐵氟龍加工的不沾鍋上，蓋上蓋子，開小火。10 分鐘後，等麵團膨脹約 1.5 倍再把火稍微調大烤 5 分鐘左右，上下翻面再烤 5 分鐘直到出現焦黃色。

Yummy! Point

裹在英式瑪芬外層的玉米粉，是將玉米磨成粉狀製成的東西。那沙沙的口感正是英式瑪芬的魅力所在，請一定要裹上去！

Naan
印度烤餅

與印度咖哩搭配食用非常受歡迎的印度烤餅。
用平底鍋就能烤得鬆鬆軟軟、充滿嚼勁！
能用剛出爐的印度烤餅
搭配咖哩一塊享用，真是一件很幸福的事呢。

材料 （3片，20cm長）

完成所需時間 30~40分

A
- 高筋麵粉……130g
- 低筋麵粉……60g

B
- 乾酵母……1小匙
- 砂糖……2小匙

鹽……¼小匙

C
- 溫水（約40度）……½杯
- 沙拉油……2大匙

STEP 1 製作麵團

將A放入調理盆用筷子攪拌，在中央製造凹陷加入B。在調理盆邊緣附近的麵粉上灑鹽，加入C，用手從內側開始緩緩壓散攪拌並加以搓揉a。揉成圓型放入調理盆，蓋上保鮮膜發酵20分鐘左右，直到膨脹成2倍大為止。

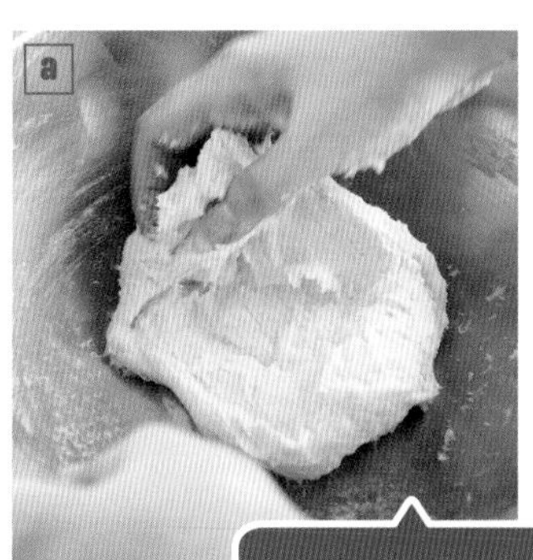

將原本黏稠的麵團搓揉到不再黏手為止。水分不足的時候就適度加水

STEP 2 揉製整型

取出放在平台上，用手輕壓排出氣體。分成3等份之後揉圓，用手拉長成厚度5~8mm的麵皮。

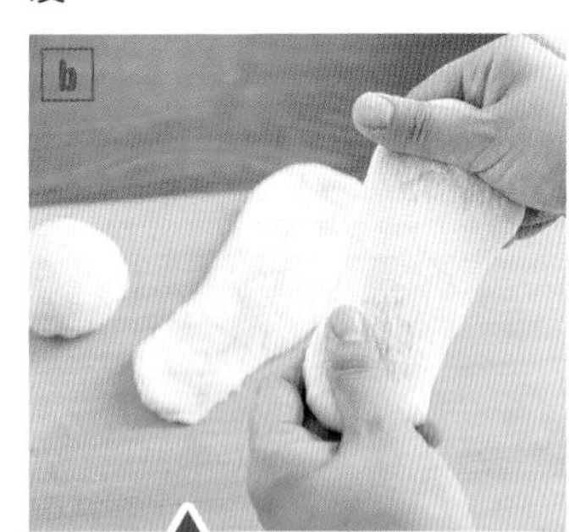

拉成20cm長，5~8mm厚的熟悉的印度烤餅形狀

STEP 3 烘烤

平底鍋（偏弱的中火）> 平均每1片 10分

或者是

烤麵包機(1000W)的烘烤時間為 > 10分

或者是

烤箱的烘烤時間為 > 預熱至170度 烤15分

把鐵氟龍加工的不沾鍋放上爐子，開偏弱的中火，1片1片地烤2。蓋上蓋子烤7分鐘左右，上下翻面再烤3分鐘直到出現焦黃色。另外2片也比照辦理。

Yummy! Point

形狀就算不太好看也OK，不過材料的混合方式若是不同，口感就會改變。如果想做出鬆鬆軟軟又有嚼勁的成品，請務必依照這份食譜的內容進行！

American Muffin
美式瑪芬

瑪芬通常給人的印象是香甜的點心，
不過這道食譜特別著重於麵包的味道，
刻意降低了甜味。
這麼一來不只可以當成甜點，
還可以拿來當成早上的餐包。

材料 （3 個，直徑 6.5cm 的耐熱烤盅）

A
- 高筋麵粉……3 大匙
- 低筋麵粉……3 大匙
- 泡打粉……½ 小匙

B
- 蛋……1 個
- 細白糖……3 大匙

C
- 奶油……50g
- 香草精……3 滴

準備

＊在耐熱烤皿裡放置便當用鋁製隔盒。

＊蛋放置至室溫。

＊將 C 的奶油放進耐熱容器，不要蓋上保鮮膜，用微波爐 (600W) 加熱 20 秒融化。

完成所需時間 30 分

STEP 1 製作麵團

將 A 放入調理盆，用打蛋器仔細混合。將 B 放入另一個調理盆，用打蛋器攪拌到發白起泡，然後加入 C 攪拌均勻。將攪拌好的 A 加進去，用矽膠刮刀往下切迅速攪拌均勻。

將 B 攪拌到充滿空氣，膨脹到原本份量的3~4倍

STEP 2 放入模具

等量填入已經準備好的耐熱烤皿，放在烤麵包機的烤盤上，用湯匙的背面讓中央凹陷。

如果正中央先烤的話，麵團會從旁邊跑出來，所以秘訣就是先讓中央凹下去。

STEP 3 烘烤

烤麵包機 (1000W) > 20 分

或者是

烤箱的烘烤時間為 > 預熱至 170 度 烤 25 分

放進已經預熱好的烤麵包機裡烤 10 分鐘，然後改變方向再烤 10 分鐘。途中，烤出焦黃色的時候蓋上錫箔紙。

大致冷卻之後即可從模具上面取下

Yummy! Point

在日本，瑪芬大多都是用低筋麵粉製作，像杯子蛋糕一樣柔軟的瑪芬比較受人喜愛。不過真正的瑪芬本來應該是用麵筋含量較高，像中筋麵粉之類的麵粉製作，口感更接近麵包才對。請務必嘗試看看！

Anko Bread

紅豆麵包

想要輕鬆製作紅豆麵包！
有很多人提過類似要求，所以我想了一個
可以用平底鍋烤出又香又軟的紅豆麵包的食譜。
放到隔天也很濕潤好吃哦！

Yummy! Point

橫向對切，然後開口朝上放進烤麵包機，紅豆餡就會瞬間變得熱呼呼，而我最喜歡一邊吹涼它一邊吃下肚！在紅豆餡裡加 1 大匙的胡桃、鮮奶油或黑芝麻醬攪拌攪拌，也很好吃喔！

材料 （2 個，直徑 10cm）

A
- 高筋麵粉……100g
- 乾酵母……1 小匙
- 鹽……¼ 小匙
- 砂糖……2 小匙

牛奶……65ml

奶油……10g

紅豆餡（市售品）……½ 杯

準備

＊將牛奶與奶油放置至室溫。若是在冬天，就把牛奶放進微波爐 (600W) 加熱約 20 秒。

完成所需時間 60 分

STEP 1

製作麵團

將 A 放入調理盆用筷子攪拌，在中央製造凹陷倒入牛奶，從內側開始緩緩壓散攪拌。加入奶油後搓揉約 5 分鐘揉成圓型。將雙手弄濕稍微沾濕麵團表面，蓋上保鮮膜發酵 20~30 分鐘，直到膨脹成 2 倍大為止。

加入牛奶後，
攪拌到
粉粉的感覺消失為止

加入奶油後，
持續搓揉
直到麵團表面出現
光澤為止

STEP 2

揉製整型

取出放在平台上，用手輕壓排出氣體，分成2等份之後揉圓，用擀麵棍擀成直徑 13cm 的麵皮。將一半的紅豆餡放在正中央，一邊拉麵團一邊包起來，包好之後確實捏緊開口。以同樣方法再做另一個。

如果家裡沒有擀麵棍，
也可以用手
儘可能平均地壓平

STEP 3

烘烤

平底鍋（小火）> 13 分

或者是

烤麵包機 (1000W)的烘烤時間為 > 15 分

或者是

烤箱的烘烤時間為 > 預熱至 170 度 烤 20 分

排列在鐵氟龍加工的不沾鍋上，蓋上蓋子，開小火烤 8 分鐘。上下翻面再烤 5 分鐘直到出現焦黃色。

開小火也快要烤焦的時候，
可以在平底鍋下面
墊一層烤網之類的東西再烤

甜點麵包

完成所需時間
80分

Caramel Bread

淋上焦糖的手撕麵包

一個一個圓滾滾地黏在一起的模樣超級可愛。
不需要模具，直接用平底鍋烘烤完成。
淋在麵團上面的糖漿，
變成了香味甜美的焦糖，好吃得不得了♪
可能是因為被焦糖守住的關係，
最後烤出來的麵包非常鬆軟美味。

Yummy! Point

要是在其中一個麵團裡放酸梅，像俄羅斯輪盤一樣吃麵包一定很有趣！到底誰會抽到鬼牌呢？各位不妨考慮這個緊張刺激的派對小遊戲。這是我一邊撕一邊吃的時候，忽然靈光一閃想到的惡作劇點子。

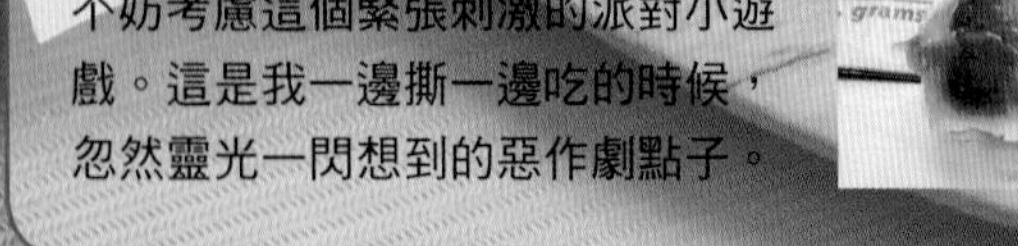

材料 （直徑 22cm 的平底鍋 1 個）

A
- 高筋麵粉……200g
- 乾酵母……2 小匙
- 砂糖……1 大匙
- 鹽……½ 小匙

牛奶……130ml

乳油……15g

B
- 砂糖……50g
- 水……1 大匙
- 奶油……50g

準備

＊在鐵氟龍加工的不沾鍋上鋪一層平底鍋可用的烘焙紙（或者是錫箔紙）。

＊將牛奶與奶油放置至室溫。若是在冬天，就把牛奶放進微波爐 (600W) 加熱約 20 秒。

STEP 1 製作麵團

將 A 放入調理盆用筷子攪拌，在中央製造凹陷倒入牛奶，從內側開始緩緩壓散攪拌。加入奶油後稍加搓揉，揉成圓型後用保鮮膜蓋起來放置 5 分鐘。再搓揉約 5 分鐘揉成圓型，將雙手弄濕稍微沾濕麵團表面，蓋上保鮮膜發酵 20~30 分鐘。

膨脹成
約2倍大就OK了！

趁麵團正在發酵
的時候
製作奶油糖漿吧！

★製作糖漿

將 B 的砂糖和水放入耐熱容器，不蓋保鮮膜直接用微波爐 (600W) 加熱 1 分鐘。並趁熱加入奶油攪拌融化，製作成奶油糖漿。

STEP 2 揉圓

取出放在平台上，用手輕壓排出氣體，搓揉 2~3 次之後分成 10 等份，揉圓。

STEP 3 烘烤

平底鍋（偏弱的中火）> 20分

將 2 的圓麵團毫無縫隙地排列在已經準備好的平底鍋裡，將 B 的奶油糖漿整面淋上去。蓋上蓋子，用小火烤 20 分鐘。

冬天時，必須先把平底鍋
稍微加溫之後
再把麵團放進去

開小火也快要烤焦的時候，
可以在平底鍋下面
墊一層烤網之類的東西再烤

Blechkuchen
德國的
杏仁奶油麵包

底層麵包鬆軟可口，
上層則是杏仁與砂糖的香酥搭配！
這是充分發揮奶油風味的德國甜點麵包。
作成大大的四方形
再切開分食，才是德國的正統作法！

材料 （19X23cm 的方盤 1 個）

A
- 高筋麵粉……250g
- 乾酵母……1 小匙
- 細白糖……3 大匙

奶油……50g

B
- 蛋黃……2 個
- 牛奶……適量

C
- 奶油……30g
- 杏仁片……50g
- 細白糖……2 大匙

準備

＊將蛋、牛奶與奶油放置至室溫。

＊將 B 的蛋黃與牛奶的總和調整至 150ml。

＊在耐熱方盤上鋪上錫箔紙，薄塗一層沙拉油（未列入材料）。

完成所需時間 60 分

STEP 1 製作麵團

將 A 放入調理盆用筷子攪拌，在中央製造凹陷加入奶油和 B，搓揉到奶油黏黏的感覺消失為止 a 。

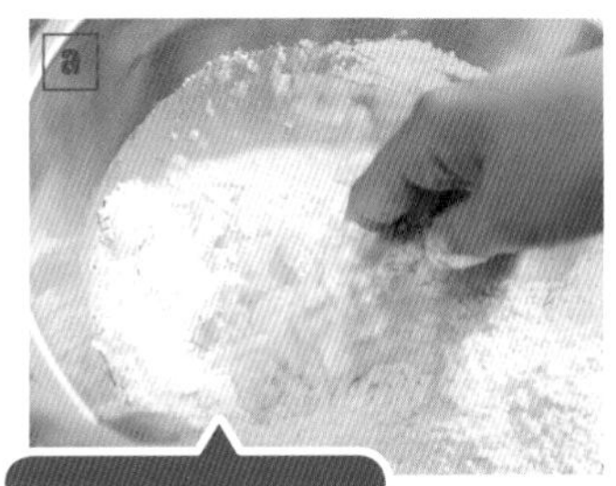

奶油事先恢復成室溫，整體作業就會更順利

STEP 2 放入方盤

將 1 放進已經準備好的方盤鋪平，蓋上保鮮膜。在平底鍋裡裝水，加溫到 30 度左右之後關火，把方盤放上去發酵 30 分鐘，直到膨脹到 1.5 倍大。

麵團鋪平的厚度約1cm 並將表面撫平

發酵時，氣溫若是太高麵團可能會出油，所以夏天請在室溫下發酵

STEP 3 烘烤

烤麵包機（1000W） > 15 分

或者是

烤箱的烘烤時間為 > 預熱至 170 度 烤 20 分

將 C 的奶油切成小碎塊鋪上去，然後灑上其他的 C，放進已經預熱好的烤麵包機裡烤 15 分鐘。烤出焦黃色的時候蓋上錫箔紙。

途中必須密切檢查烘烤的狀況，隨時調整錫箔紙。

Yummy! Point

在起源地德國，杏仁奶油麵包的麵團其實比較類似派皮或塔皮，被視為甜點的底座。可以拿堅果類或水果罐頭等其他材料代替杏仁，製作自己自創的甜點麵包。

Coca
西班牙扁麵包

完全不使用酵母或泡打粉，
來自西班牙的樸實麵包。
散發著橄欖油香氣，搭配葡萄酒簡直絕配！
跟披薩有點像，但最大的不同點在於
這個麵包上面絕對不能放起司。

材料 （3 個，直徑 8cm）

A
- 低筋麵粉……120g
- 鹽…… ⅛ 小匙
- 橄欖油……3 大匙
- 水……3 大匙

洋蔥…… ⅛ 個
彩椒（紅）……¼ 個
青椒……½ 個
義大利香腸薄片……3 片
橄欖油……1 小匙

準備

＊在烤麵包機的烤盤鋪上錫箔紙。
＊將洋蔥、彩椒和青椒切成細絲。

完成所需時間 40分

STEP 1 製作麵團

將 A 放入調理盆用手一邊攪拌一邊搓揉 a。等外表變平滑之後揉圓用保鮮膜包起來 b，放置 20 分鐘。

揉捏至橄欖油和水混合均勻。

用保鮮膜包緊。

STEP 2 揉製整型

分成 3 等份之後揉圓，壓成扁平狀 c，放在已經準備好的烤盤上。

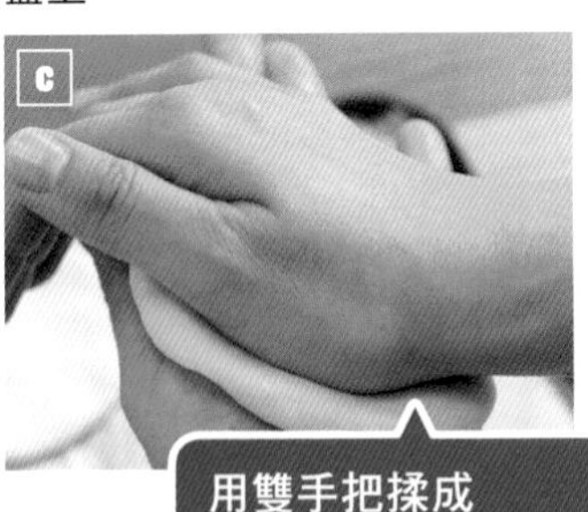

用雙手把揉成圓型的麵團壓平，厚度大概8mm左右

STEP 3 烘烤

烤麵包機（1000W） > 15分

或者是

烤箱的烘烤時間為 > 預熱至170度 烤20分

用已經預熱好的烤麵包機烤 10 分鐘，拿出來，等量放上蔬菜和義大利香腸。充分淋上橄欖油，再烤 5 分鐘左右。

途中若是發現快要烤焦，就蓋上一層錫箔紙

Yummy! Point

西班牙還有灑上松子和砂糖的甜味扁麵包。上面想放什麼材料全看自己的創造力。我曾經在上面放過無花果乾，結果發現黏牙香甜的無花果與扁麵包爽口的口感非常搭配。

Fougasse
培根加香草的普羅旺斯麵包

把香草和培根揉進麵團裡，
擀得薄～薄的，上面劃出幾道刀痕
作的像葉子一樣再送進烤箱。
個人非常喜歡這稍微帶點鹹味，酥脆又爽口的口感。
請搭配白酒一起享用！

Yummy! Point

這道法式風味麵包跟白酒非常搭。找個假日午後，拿無糖無添加物的碳酸水兌入冰鎮過的白葡萄酒，一邊搭配普羅旺斯麵包一邊飲用，簡直是人間天堂！可以充分感受法國南部的浪漫風情。

材料（2個）

A
- 溫水（約40度）……2小匙
- 乾酵母……1小匙
- 砂糖……1小匙

B
- 高筋麵粉……140g
- 低筋麵粉……60g

水……120ml

檸檬汁……½小匙

C
- 鹽……½小匙
- 百里香（乾燥）……1小匙
- 培根切絲……2片份

橄欖油……2小匙

準備

＊將A放入稍小的調裡盆中仔細攪拌，放置一段時間直到發酵成慕斯狀。

完成所需時間 80分

STEP 1 製作麵團

將B放入調理盆用筷子攪拌均勻，在中央製造凹陷倒入水，用筷子從內側開始緩緩壓散進行攪拌。盡可能地將麵團延伸壓平，將檸檬汁和已經準備好的A放上去，像是用麵團包住內容物般搓揉。加入C繼續搓揉，揉圓之後將開口朝下，放進調理盆中蓋上保鮮膜，放置30分鐘左右。

依照順序加入材料，
每加入一種都要仔細搓揉
直到整體變得光滑為止

STEP 2 揉製整型

在平台上鋪錫箔紙，薄塗一層沙拉油（未列於清單）後將1放上去，用手輕壓排出氣體，分成2等份。各自用擀麵棍擀成厚5mm的橢圓形，切出看似葉脈的刀口。用噴霧器在整個面噴水。

刀口請用銳利的
美工刀等刀具，
將刀口稍微劃大一點

確實噴水
直到整體變得濕透！

STEP 3 烘烤

烤麵包機（1000W） > 15分

或者是

烤箱的烘烤時間為 > 預熱至170度 烤20分

連同錫箔紙一起放進已經預熱好的烤麵包機烤15分鐘，趁熱塗上橄欖油。

途中若是發現快要烤焦，
就早一步蓋上錫箔紙

我使用的基本材料與器材

這些是我製作麵包所使用的基本材料與器材。
沒有必要一開始就全部備齊。
先決定要做哪一道麵包，然後確認需要什麼東西，再做準備吧。

這些就是我平常使用的基本材料，例如粉類和奶油等等，都是我喜歡的牌子。可以在大一點的超市、國外食材店和網路商店等地買到。當然使用其他廠牌的材料也OK喔。

高筋麵粉

（ママズキッチン スーパーカメリヤ）

由硬質小麥製作而成，麵筋含量偏高的麵粉。種類相當多，不過如果是第一次做麵包，個人推薦不只容易揉捏、容易處理，而且廣泛使用於多種麵包的カメリヤ麵粉。

低筋麵粉

（ママズキッチン スーパーバイオレット）

由軟質小麥製作而成的低筋麵粉，特徵是麵筋含量較少。通常比較少用在製作麵包，不過在製作快製麵包等簡單麵包的時候非常好用。使用一般的低筋麵粉也 OK。

乾酵母

（サフ インスタントドライイースト）

乾酵母可以讓麵團膨脹，並讓麵包增加許多風味，是酵母的一種。另外還有生酵母，不過這種酵母不需要花時間事先發酵，直接加進麵粉裡就可以用，比較方便。

泡打粉

（ラムフォード ベーキングパウダー）

以小蘇打粉為基體的膨脹劑。這個牌子的泡打粉不含鋁，泡打粉特有的苦味也比較輕微，所以我很喜歡。使用方式與使用份量就跟普通泡打粉一樣。

奶油

（カルピス 業務用 有塩バター）

不論是麵包、甜點或吐司，我都是用這個牌子的含鹽奶油。由於牛奶風味濃厚，所以鹽味變得相當溫和。因為不會大量使用，所以適當的鹹味反而變成相當不錯的亮點。

砂糖

（カップ印 白砂糖）

不必刻意準備特別的砂糖。本書中幾乎所有麵包都是使用上白糖。當然也可以依照個人喜好使用甜菜糖、棕糖或細砂糖，不過甜味和融化速度會有一些差異。

橄欖油

（ラニエリ エキストラバージンオリーブオイル）

像佛卡夏麵包這種需要充分享受橄欖油風味的麵包，我用的橄欖油都是使用 100% 義大利橄欖壓製而成的高級品。因為這可以添加麵包的風味，建議一定要使用美味的橄欖油。

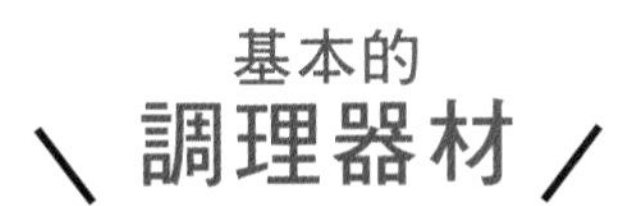

本書中介紹的麵包食譜，完全都沒有使用特別的器材。會不會覺得「咦？只有這些嗎？」呢？是的，只要準備這幾樣器材，就能作出書中所有的麵包。如果手邊還沒有這些東西，可以參考看看喔。

調理盆

在攪拌材料、揉捏、發酵的時候絕對不可或缺的器材。如果是本書中的材料份量，一個直徑 22~26cm 的不鏽鋼製調理盆應該就夠了。如果還有餘力，可以再準備一個可微波的耐熱玻璃調理盆。

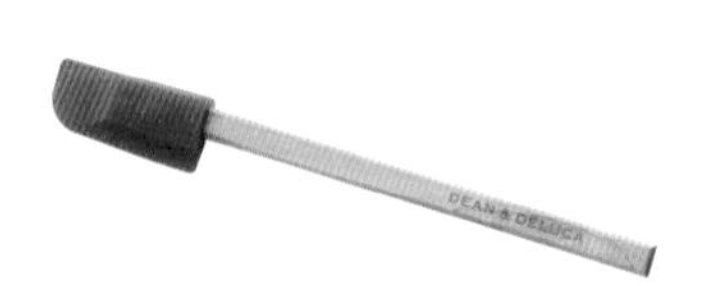

矽膠刮刀

矽膠刮刀在攪拌作業當中是不可或缺的，不過也能將調理盆當中最後剩下的麵團全部刮起來，還能將麵團表面撫平。建議選購耐久性良好的耐熱矽膠刮刀。

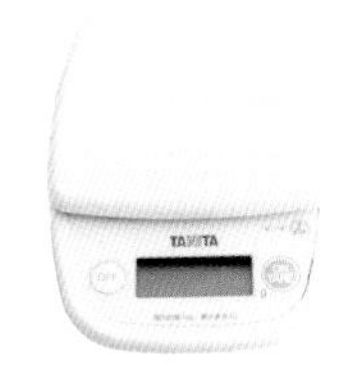

廚房電子秤

為了成功做出麵包，秤重仍然是非常重要的。電子秤的出錯率較少，可以放心。建議選購數字顯示大一點的！可能的話最好是能測量到 1g 單位，最大重量可量到 1000g 以上的機種。

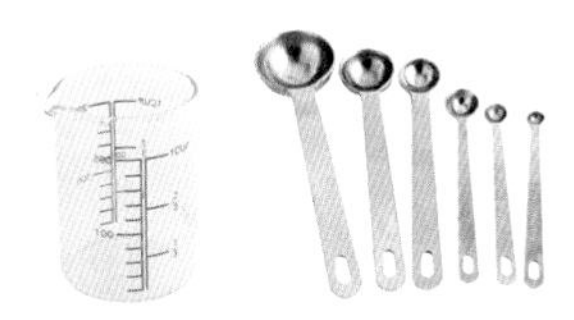

量杯 · 量勺

測量水、牛奶等液體的時候，量杯是必備物品。量勺則是用來測量鹽或乾酵母等，如果有量勺可以量到 ¼ 小匙的話，就可以避免很多調味走味的狀況。

濾茶器

用來灑粉狀材料的時候使用，可以把粉末毫無遺漏地平均灑上去。另外，如果需要過篩少量粉類的時候也會用這個。製作需要灑糖粉或可可粉的甜點麵包或是做點心的時候非常好用喔。

計時器

對我來說，計時器是讓我更有效率地製作料裡的工具。不是為了讓時間完全正確，而是在計時器響起來之前，我都可以暫時忘記手上的作業，去做別的事情。是我完全無法放手的器材之一。

模具

製作麵包不太需要用到模具，不過必要的時候，可以拿普通料裡也能用的耐熱容器代替。例如這次的「金黃色雞蛋麵包」就用了焗烤盤。如果是小型麵包，用布丁模具也很方便。

\ Yummy老師教教我！/

製作麵包的Q&A

第一次做麵包，所有事情都讓人不安。
不過不必擔心！
所有不知道的事、困擾的事、在意的事，
通通為您解答！

Q 粉類沒過篩也沒關係嗎？

A 本書中的食譜已經經過調整，不過篩也OK。直接放入調理盆，用筷子或打蛋器攪拌就可以了喔！

仔細攪拌均勻，之後才能膨脹得更均勻一點

Q 為什麼麵團沒辦法順利地整理成一團？

A 根據氣溫和濕度，麵團的狀態也會有所變化。夏天容易黏手，而乾燥的冬天則是粉粉的感覺始終殘留，難以揉成一團。試試看下列方法吧！

\ 黏手的時候 /

取少量麵粉，整個薄薄地灑上一層然後加以攪拌。如果一次加入大量麵粉會形成硬塊，要特別注意！

\ 粉粉的時候 /

避開麵團，將目前使用的水分次少量地加入調理盆底部，讓麵團稍微沾濕然後攪拌。

Q 可以一次製作大量麵團備用嗎？

A
- 使用泡打粉膨脹的麵團
  →無法保存。
- 使用酵母發酵的麵團
  →保存OK。

可在烘烤前一刻的狀態下用保鮮膜包起來，裝進拉鏈袋等可密閉的容器密封，然後放進冷凍保存。若放進冷藏，發酵作用仍有可能緩緩進行而導致麵團狀態改變，所以建議冷凍為佳。

Q 烤出來的成品，膨脹的位置會偏一邊……？

A 這是烤箱或烤麵包機的加熱不均所引起的。熱度較高的地方會先把表面烤硬，然而只有表面沒有變硬的地方，麵團才有辦法膨脹，所以形狀才變得歪七扭八。秘訣在於注意與熱源之間的距離不要太近，以及中途頻繁地改變方向，或是蓋上錫箔紙加以調整。

Q 麵團發酵的時間和室溫大概是多少？

A 關於發酵，比起時間，直接用外觀判斷其實是最精準的。基本上來說，在20~25度的室溫下膨脹1.5~2倍大即可。食譜裡所寫的發酵時間，也請當作是在20~25度下的推測值。

氣溫較低的冬天可以用40度的水隔水加熱（p.44★）促進發酵

Q 有沒有可以確認烤好的方法？如果沒烤熟的話，該怎麼處理才好呢？

A 試著按壓表面，如果有明確的抵抗感就表示烤好了。或者是用竹籤刺進去，上面只要沒有沾上麵團就表示 OK。

＼ 切開之後才發現沒烤熟的時候 ／

- 最有效的方法是切成薄片然後用烤麵包機烤 2~3 分鐘。
- 如果還是一整個，建議放進微波爐加熱 1~2 分鐘。因為表面已經被烤硬，即使再用烤麵包機或烤箱，熱度也已經很難傳到裡面去。

Q 如果沒有耐熱容器，可以用蛋糕的模具烤嗎？

A 當然可以用蛋糕模具。不過烤麵包機內部的高度較低，麵團的高度若是太高，可能會容易烤焦，要小心注意。讓麵團高度大概維持在 3cm 左右就沒問題了。

金屬製模具
因為導熱速度較快，
所以要把烘烤時間設定
得短一點並注意觀察

Q 用烤麵包機烤的時候可以用烘焙紙嗎？

A 請使用耐熱溫度較高的錫箔紙。不過長時間直接接觸熱源還是有可能燃燒，請多加小心。至於烘焙紙，雖然有經過耐熱耐油的加工處理，但烤麵包機的內部溫度非常高，有引火燃燒的危險性，所以不能使用。

Q 請問麵包的保存方法和好吃的吃法？

A 建議冷凍保存。小型麵包可以一個一個放好，大型麵包則是切成容易食用的大小再用保鮮膜包起來放進拉鍊保鮮袋，放在冷凍室保存。

維持美味的
冷凍保存
期限最多大概
是1個月

＼ 冷凍麵包的美味吃法 ／

在冰凍狀態下用微波爐加熱 10~20 秒，等中心變熱之後，再用烤麵包機稍微烤一下。這樣就能烤得內層鬆軟 & 外層酥脆，非常好吃喔！

Q 不管什麼麵包都能用平底鍋烤嗎？

A 只有像「酥酥脆脆司康餅」(p.54) 或「印度烤餅」(p.62) 這種麵團不算太厚，而且可以烤雙面的麵包，才能用平底鍋烤。如果想烤成圓形的鬆軟麵包就不適合用平底鍋。另外，尺寸較大的麵包也因為很難烤熟的關係，還是使用烤麵包機或烤箱比較理想。

平底鍋OK的麵包範例

作者

清水美紀（ヤミー）

美大畢業後曾從事織物設計的工作，隨後任職於進口食材店。在自己經營的食譜部落格用3步驟的簡單食譜介紹全世界的正統美食，大受好評，將部落格文章集結而成的《Yummy老師的3步驟料理》也成為了大賣12萬本的暢銷書。目前以料理研究家的身分，活躍於雜誌、電視和料理教室，並與企業合作開發食譜，活動領域廣泛。其他著作有《ヤミーのがんばらない毎日ごはん(Yummy的每天不動腦餐點)》（日本宝島社出版）《4コマレシピ（四格漫畫食譜）》（日本主婦と生活社出版）等。

部落格：大変!!この料理簡単すぎかも…☆★3STEP COOKING★☆
https://ameblo.jp/3stepcooking/

TITLE

捲捲揉快製麵包

STAFF

出版　三悅文化圖書事業有限公司
作者　清水美紀（ヤミー）
譯者　江宓蓁

總編輯　郭湘齡
文字編輯　徐承義　蕭妤秦
美術編輯　謝彥如　許菩真
排版　沈蔚庭
製版　明宏彩色照相製版股份有限公司
印刷　龍岡數位文化股份有限公司

法律顧問　經兆國際法律事務所　黃沛聲律師

戶名　瑞昇文化事業股份有限公司
劃撥帳號　19598343
地址　新北市中和區景平路464巷2弄1-4號
電話　(02)2945-3191
傳真　(02)2945-3190
網址　www.rising-books.com.tw
Mail　deepblue@rising-books.com.tw

初版日期　2019年11月
定價　280元

ORIGINAL JAPANESE EDITION STAFF

撮影／千葉 充
スタイリング／坂上嘉代
料理アシスタント／柴田奈津実
料理家マネジメント／葛城嘉紀、篠 明子、鈴木めぐみ（OCEAN'S）
制作協力／（株）ランダムウォーク社
デザイン／細山田光宣＋奥山志乃（細山田デザイン事務所）
構成・文／大嶋悦子（大嶋事務所）
編集協力／三澤茉莉
編集担当／佐々木めぐみ（主婦の友社）

國家圖書館出版品預行編目資料

捲捲揉快製麵包 / 清水美紀作 ; 江宓蓁譯. -- 初版. -- 新北市 : 三悅文化圖書, 2019.11
80面 ; 18.2 x 23.5公分
譯自 : ぐるまぜパン
ISBN 978-986-97905-5-0(平裝)
1.點心食譜 2.麵包

427.16　　108016410